室内细部空间

设计速查

理想·宅 编

中国电力出版社
CHINA ELECTRIC POWER PRESS

内容提要

本书归纳了墙面、吊顶、地面、隔断、飘窗、楼梯、吧台、室内门八个细部空间中的常见设计要点，内容从细部空间的分类形式、色彩搭配、材料应用、装饰手法等多角度展开，并对不同功能空间、不同装饰风格中的细部空间设计进行了详细解析。为了便于读者理解，每个设计要点下面都搭配了相应的实景图片进行解读，或标注主要应用材料，以及重点装饰的拉线。

本书精选了大量符合时下潮流的实景图片，非常适合室内设计师、装饰装修行业人员，以及准备装修的业主进行阅读与参考。

图书在版编目（CIP）数据

室内细部空间设计速查 / 理想·宅编 . — 北京：中国
电力出版社，2021.10
ISBN 978-7-5198-5976-3

Ⅰ. ①室⋯　Ⅱ. ①理⋯　Ⅲ. ①室内装饰设计　Ⅳ.
① TU238.2

中国版本图书馆 CIP 数据核字（2021）第 185770 号

出版发行：中国电力出版社
地　　址：北京市东城区北京站西街 19 号（邮政编码 100005）
网　　址：http://www.cepp.sgcc.com.cn
责任编辑：曹　巍（010-63412609）
责任校对：黄　蓓　王小鹏
装帧设计：锋尚设计
责任印制：杨晓东

印　　刷：北京九天鸿程印刷有限责任公司
版　　次：2021 年 10 月第一版
印　　次：2021 年 10 月北京第一次印刷
开　　本：889 毫米 ×1194 毫米　16 开本
印　　张：10
字　　数：281 千字
定　　价：58.00 元

PREFACE 前言

　　家装类的设计案例图典或图册一直是比较受欢迎的图书形式，对于读者而言，家居空间的设计知识，仅用枯燥的文字解说，很难让人持续阅读，并且理解上也会有难度。因此，相较于纯文字的讲解，实景图片加上简练的关键点提要，更适合喜欢快速阅读学习的读者；同时，图片的展示比文字讲解更有冲击力，也就更能给人留下深刻印象。

　　更特别的是，本书在图典的基础上，不忘对设计要点进行提炼。尽量做到精练出实用的细部空间设计要点，并且根据设计要点，选择出相对应的实景图，非常直观地向读者展现设计点。本书分为墙面、吊顶、地面、隔断、飘窗、楼梯、吧台、室内门八章，内容上，从整体的布局到细部的设计都有介绍，基本涵盖了空间设计的各个方面。

　　本书不仅收录了大量设计案例作品，并且每张图片都附有设计解读或材料、装饰拉线介绍，同时还通过设计"小贴士"为广大读者提供非常有价值的设计参考。

目 录

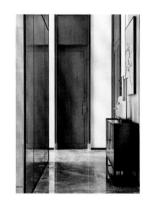

第一章 墙 面

　　墙面是家居设计的重点，其设计有三大构成元素：色彩、造型和材质。这三个元素中，色彩是给人留下第一印象的要素，而造型和材质则起到引领性作用，同时也决定着居室风格。相对应地，不同的装饰风格有着不同的代表造型及材质，掌握了代表性元素便可以轻松塑造出理想的家居墙面。

一、墙面常见分类

1. 照片墙

　　家居中的照片墙承担着展现家庭情感的使命，得到了很多人的青睐。照片墙有很多种叫法，比如相框墙、相片墙。照片墙不仅形式各样，同时还可以演变为手绘图片墙，为家居带来更多的视觉变化。照片墙的材质也各有不同，有实木、塑料、PS发泡、金属、人造板、有机玻璃等。目前，照片墙的流行材料主要有实木、PS发泡两种。

△ 除了传统的长方形和正方形相框，相框也可以是六边形等其他形态，相较于常规造型，这样的相框可以改变原本方正的墙面，让空间呈现出别样风貌。

△ 大小不一、颜色多样的相框为照片墙带来灵动、丰富的视觉感受，装饰效果极强。照片的题材为日常摄影，为空间增添了浓郁的生活气息。

TIPS ▶

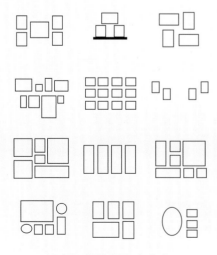

照片墙的组合方式应注意大小、比例的搭配

　　照片墙的组合方式非常多样，可以根据自身喜好和审美需求来设定家中照片墙的形态。但需要注意的是，照片墙布置依然要遵循一定的美学原理，注意大小、比例的搭配，才能更好地装点墙面。

常见照片墙的组合方式

2. 手绘墙

　　手绘墙画是用环保的绘画颜料，依照居住者的爱好和兴趣来迎合家居的整体风格，在墙面上绘出各种图案以达到装饰效果。墙画并不局限于家中的某个位置，客厅、卧室、餐厅甚至卫生间都可以选择手绘墙。一般来说，目前居室内选择手绘墙作为电视墙、沙发墙和儿童房装饰的较多。

△ 手绘墙非常适用于儿童空间，手绘题材可以选择卡通图案、动漫图案等，可以很好地迎合家中孩童的喜好。

△ 厨房中的手绘墙以自然花草为题材，与墙面中的绿色搭配相宜，营造出自然韵味十足的家居空间氛围。

△ 在休闲空间中绘制一面手绘墙，并搭配一个编织的篮筐，为家中的儿童营造出一处玩耍空间，集实用性与装饰性为一体。

△ 色彩鲜艳的手绘墙，令原本平淡的楼梯空间变得生动有趣。

3. 饰品墙

　　饰品墙适合忙碌而追求品位、生活精致的现代都市人群。快节奏的生活中，一切讲究快捷简便，把已雕刻好的漂亮图案贴在墙面上即可，亦或是把一个精致的工艺品摆放在墙面简易搁架上……这样的装饰效果既简单又容易出效果，还能节省装修预算；另外，一些物件记录的不仅是某个瞬间，还能把所有的记忆带回当下。有了这样一面墙，生活的空间会变得更加丰富多彩。

△ 金属墙饰占据的墙面比例不大，但精致感十足，与空间的整体调性搭配相宜。

△ 卧室墙面的装饰镜不仅有装饰效果，还具备扩大视觉空间的功效；大小不一的组合方式则为墙面空间带来了一丝变化。

△ 手工编织的墙饰给人一种亲切感，其中的枝干及树叶装点则自然韵味十足。

△ 立体墙面装饰的吸睛效果十足，大幅提升了空间的艺术效果；其色彩来源于沙发与空间中的装饰物，整体协调性较强，降低了由造型造成的突兀感。

4. 植物墙

植物墙是指用绿色植物编植成的墙体，可以根据不同的环境要求，设计出造型各异、高低错落、环境和谐的墙体造型。植物墙不仅可以通过精心设计及培植为居室带来葱茏的绿意，还可以和灯具、家具搭配，创造出更加美观的墙面。

△ 在阳台设置植物墙是非常绝妙的空间设计手法，良好的采光与通风，使植物的生长状态良好，这一处充满绿意的角落，成为家中最适合放松、休闲的空间。

△ 在客厅临近窗户的位置打造一面植物墙，此处通风及采光条件均较好，有利于植物的生长，同时也为空间带来了生机盎然的气息。

△ 餐厅背景墙利用植物墙来塑造，满目的绿意可以令用餐时的心情变得愉悦。

△ 在卫浴空间打造一面植物墙并不多见，但其与饰面板墙面及装饰木雕的结合使卫生间仿若一处森林秘境，带来了新奇的体验。

5. 收纳墙

如今在家居中如何做好收纳，成为人们越来越关注的问题，因为良好的收纳功能可以使居室呈现出整洁的"容颜"，从而提升居住者的幸福感。收纳工作除了利用独立款式的大块头家具完成，还可适当选择一些灵活的小家具和壁柜，向墙面要空间，最大限度地将空白墙面加以利用，让其成为实用的收纳空间。例如，可以在墙面上设计搁架，或者将收纳柜与墙体相结合，从而为居室打造出一面既美观又实用的收纳墙。

△ 一体式柜式造型墙不仅具有展示效果，还兼具收纳功能，对称式设计带来了视觉平衡感，令客厅更宜居。

△ 具有收纳功能的沙发背景墙利用率较高，摆放上装饰物与收纳篮筐，形成了一处极具装饰效果的展览区。

△ 将收纳柜和墙面造型及电视柜进行一体化设计，给人更协调、统一的美感，纯粹的色彩组合彰显出空间的纯净感。

△ 利用半面墙来打造一处收纳空间，可以摆放上书籍与装饰品，提升空间的美观度，其材质与飘窗和地面相同，整体的融合度较高。

二、墙面设计要点

1. 不同装修档次，墙面选材可做区分

墙面设计材料很多，可以根据不同的装修档次来选择。简单装修的常用材料为乳胶漆、壁纸、釉面砖、石膏板造型等；中档装修的材料一般为石材、烤漆玻璃、软包、硬包等；高档装修的材料可以选择天然石材或多种材料进行搭配。

简单装修

白色乳胶漆墙面

中档装修

局部硬包墙面

高档装修

定制款山水纹石材墙面

2. 镂空式墙面应结合需求选择

一般的镂空式背景墙常用密度板造型，也可以采用其他更具现代感的材料来造型。这种设计手法既简洁又可以轻松地为空间带来通透的感觉。也可以将原本的实体墙做挖空处理，但需要注意的是，要确认墙面不能是承重墙。

△ 带有中式纹样的镂空饰面板彰显了强烈的风格特征，整体空间的禅意风情浓郁。

△ 挖空式墙面令两个空间形成了隔而不断的关系，更具通透感。

三、功能空间墙面设计

1. 客厅墙面

客厅墙面设计应着眼整体

客厅墙面对整个室内的装饰及家具可以起到衬托作用，应重点装饰以集中视线，表现家庭的个性及居住者爱好。因此，客厅墙面设计要着眼整体，考虑整个室内的空间、光线、环境以及家具的配置、色彩的搭配等诸多因素。

白色木饰面　深灰色硬包　金色不锈钢勾边

金属框　硬包　烤漆玻璃

强化复合木地板

△ 将地板铺贴到墙面上，使墙面与地面之间在视觉上有了延伸，空间更具有整体感。为了避免让人产生乏味感，可将黑色板材作为装饰，这样既实用又美观。

客厅墙面的色彩搭配原则

　　从色彩的心理作用来看，不同的颜色会给空间带来不同的效果，或变大或缩小、或活泼或宁静。色彩能改变原有空间不理想的视觉效果，如果空间狭长，就可以给长的两面墙涂上冷色，给人以扩大空间的视觉感受。

实木饰面　　　　　　镜面

装饰线　　　　　　浅蓝色乳胶漆

△ 简洁的直线条搭配冷色乳胶漆，既具有十足的装饰美感，也具有扩大空间的视觉效果。

客厅墙面的材料选用原则

客厅的墙面装饰可用的材料有很多，例如壁纸、乳胶漆、玻璃、金属、石材及天然板材等。墙面的选材应考虑到空间大小、空间功能、情趣修养等方面，如果空间狭窄，以镜面、玻璃等材料装饰墙面，局部混搭个性饰品，可使空间获得延展。

金色不锈钢　　　　爵士白大理石

△ 金色不锈钢 + 爵士白大理石：现代与古典的碰撞，展现出优雅而个性的气质。

实木饰面板

混油处理的木质饰面板

△ 实木饰面板：打破传统拼贴方式，从三个方向进行铺贴，形成个性的形状、图案。

△ 混油处理的木质饰面板：竖线条的形式既具有延展空间的作用，也令墙面具有立体感。

2. 电视背景墙

电视背景墙的造型种类

对称式（也称均衡式）：一般给人比较规律、整齐的感觉。

非对称式：一般给人比较灵动、个性的感觉。

备注： 一般来说，任何造型都需要实现点、线、面的结合，这样既能达到突出电视墙面的目的，又能与整个家居环境相协调。

对称式设计的电视背景墙

非对称式设计的电视背景墙

02

电视背景墙的灯光设计原则

电视背景墙的灯光对照度要求不高，且光线应避免直射电视、音箱和人的脸部。收看电视时，有柔和的反射光作为基本的照明即可。如果造型灯的光线太强，人在看电视时，眼睛就容易疲劳。同时，纷乱的光源也会让电视墙的表达效果淡化，起不到突出亮点的作用。

△ 电视背景墙上的壁灯多具有装饰功能，柔和的光线也不会造成光污染。

TIPS ▶ **电视背景墙可采用局部照明的手法**

电视墙面的灯光多根据主要饰面的局部照明来布置，还应与该区域的顶面灯光相协调，灯罩或者灯泡都应尽量隐蔽。

03

利用搁物架打造电视背景墙

电视背景墙设计可以采用搁物架，既可以将简单的木质板搁物架固定在墙上，也可以与电视柜结合塑造出充满几何造型的搁物架。在这些搁物架上，可以摆放自己喜爱的装饰品，让墙壁灵动起来。而装饰物随时可替换，令家居空间拥有不同的"表情"，简单而又不失品位。

△ 简单的直线形搁物架与整体空间的利落感相协调，摆放上书籍或装饰物，就能打破原本平淡的空间氛围。

△ 电视背景墙采用柜体与搁物架搭配设计的手法，有藏的形态，也有露的形态，适合收纳不同的物品。

△ 整面墙的装饰柜会给人带来沉闷、压抑的观感，不妨将简洁的搁物架与之融合进行设计，在丰富造型的同时，也令空间具有变化的美感。

3.餐厅墙面

餐厅墙面的色彩搭配原则

　　餐厅墙面的色彩设计一般因个人爱好与性格不同而有较大差异，但总体来讲，应以明朗轻快的色彩为主。这些色彩有刺激食欲的作用，它们不但能给人以温馨感，而且能提高进餐者的兴致，促进人们之间的情感交流。当然，在不同的时间、季节及心理状态下，人对色彩的感受会有所变化，这时可利用灯光的折射效果来调节室内色彩气氛。

△ 黑色与白色相间的餐厅，由于黑色占比较大，给人一种冷静、理性的观感，这样的色彩搭配比较适合以男性为主导的家庭，或者对艺术、品位有较高需求的业主，普通家庭应谨慎选择，长时间居住容易产生压抑感。

△ 木色调的定制餐边柜给人以温暖感，令用餐心情轻松，这种色彩选择适合大多数家庭。

△ 浅绿色与白色相间的定制餐边柜清新感十足，与整体空间的协调感非常强，这种色彩搭配比较适用于年轻人的居住空间。

餐厅墙面的材料选用原则

　　餐厅墙面材料以内墙乳胶漆较为普遍，一般选择偏暖的色调。为了使整体风格协调，餐厅需要一个彰显风格的墙面作为亮点。这面墙可以采用一些特殊的材质来着重进行处理，如用肌理效果来烘托出不同格调的餐厅，有助于设计风格的表达。

石膏装饰线　　白色乳胶漆

彩色乳胶漆

△ 粉色与蓝色相间的乳胶漆墙面：告别了大白墙的单调感，带有图案的材料为空间注入了多变的表情。

△ 白色乳胶漆 + 装饰线条墙面：配合装饰镜进行装点，令原本单调的墙面变得十分吸睛。

木质餐边柜

△ 定制木质餐边柜墙面：可以将一些常用的杯盘碗盏收纳在此，以缓解厨房的收纳压力。

餐厅墙面的装饰手法

营造餐厅墙面的气氛既要遵循美观的原则，也要保证实用性，不可盲目堆砌。例如，在墙壁上可挂一些画作、瓷盘、壁挂等装饰品，也可根据餐厅的具体情况灵活安排，以营造环境，但要注意的是，切不可喧宾夺主，以免造成杂乱无章的效果。

墙面装饰画

尤加利干枝装饰　木质挂钟　　　　绿植装饰画

编织挂毯

装饰相框　装饰书籍

陶瓷工艺品　隔板架

4. 卧室墙面

卧室墙面设计可延续客厅设计

卧室的主要诉求是营造出良好的睡眠环境，因此装修效果应该以温馨、平和为主。其主要手法为将客厅的墙面设计局部"移植"到卧室中来，通过主题墙面或者吊顶与地面的变化，使原本平静的卧室也展现出别具一格的魅力。

△ 卧室墙面以饰面板加金属墙饰来打造，淡雅的色彩给人一种祥和的感觉，非常适用于卧室空间。

△ 卧室背景墙的装饰手法比较常规，以白墙加装饰画的设计手法，轻易打造出一处"吸睛"空间。

△ 卧室背景墙采用黑色带纹理的壁纸进行铺贴，与暗胡桃木的床头在色彩上相协调。

△ 卧室背景墙除了用饰面板装饰，还加入黑镜来装点，令墙面的造型更为丰富，同时也有扩大空间的作用。

TIPS ▶ **层高有限的卧室，可利用壁纸和装饰品来装饰墙面**

若卧室的层高有限，不妨试试用色彩对比强烈的竖式条纹的壁纸和饰品来装饰墙面。如果卧室比较窄，就可以选用横式条纹的壁纸和饰品来装饰墙面。在狭窄的两端使用醒目的装饰，可以利用材料的反差、对比，让空间看上去更协调。

02

卧室墙面的色彩搭配原则

　　从颜色上来讲，卧室的色调应该以宁静、和谐为主旋律。因此，卧室装饰不宜追求过于浓烈的色彩。一般来讲，光线比较充足的卧室可选中性偏冷色调的墙面，如湖绿色、浅蓝色等；室内光线较暗淡的可选中性偏暖的颜色，如米黄色、亮粉、红色等。

△ 卧室墙面的色彩以白色 + 牛仔蓝为主，其中，牛仔蓝来源于床品，而大面积的白色则避免了床品中的暗色调带来的沉重感。

△ 若只以白色为墙面色彩难免单调，不妨利用床头的色彩进行调剂。

△ 暖色调的花纹壁纸，带来温馨感的同时又不乏自然气息，令卧室的居住舒适度大幅提升。

△ 清新的绿色背景墙与床品色彩形成呼应，搭配地面和窗帘中的温暖木色系，令整个空间拥有了自然气息。

03

卧室墙面的材料选用原则

卧室墙面的材料其选择范围比较广，任何色彩、图案、冷暖色调的涂料、壁纸均可使用。但值得注意的是，面积较小的卧室墙面的材料选择的范围相对小一些，偏暖色调和浅淡的小花图案较为适宜。同时，卧室墙面要考虑墙面材质与卧室家具材质、其他饰品材质的搭配，以取得整体搭配的美感。

立体效果的石膏板墙面

△ 立体效果的石膏板墙面：立体效果突出，装饰感强。

带有纹理的木饰面板墙面

△ 带有纹理的木饰面板墙面：鱼骨纹拼贴而成，令视觉上不单调。

白色乳胶漆＋饰面板墙面

△ 白色乳胶漆＋饰面板墙面：饰面板墙面与地面和整体空间的材质保持统一，白色乳胶漆墙面则增强了空间的通透感。

壁纸＋石膏装饰线＋灰色乳胶漆墙面

△ 壁纸＋石膏装饰线＋灰色乳胶漆墙面：多样化的材质搭配，提升了空间装饰效果。

5. 玄关墙面

01

玄关墙面的色彩搭配原则

　　玄关的墙面设计一般不宜做造型，而应作为背景烘托，起到点缀作用，且色彩不宜过多。墙面采用壁纸或乳胶漆均可。在设计墙面颜色的搭配时，一定要考虑人自身对颜色的反应。如果觉得玄关出现太多颜色过于刺激，就不妨在原有的背景色上刷几抹颜色，或者选择换较浅的色度。如果不能确定自己能适应多浓烈的颜色，就少用几种颜色，从局部做起，然后再慢慢增加。

△ 玄关的面积不大，因此在色彩搭配上运用了最简单的白色，搭配一幅简洁的黑白装饰画，就能提升玄关小空间的格调。

△ 玄关墙面采用了花纹壁纸进行铺贴，虽然花纹比较繁复，但胜在色彩比较清雅，不会给人带来杂乱的视觉感受。

TIPS ▶ **阴暗玄关适合清淡、明亮的配色**

　　　　如果玄关里的光线较暗且空间狭小，最好选择较清淡明亮的色彩，避免在这个局促的空间里堆砌太多让人眼花缭乱的色彩与图案。

02

玄关墙面的材料选用原则

玄关墙面装饰，选择合适的材料，才能起到"点睛"的作用。一般设计玄关常运用的墙面材料有木材、夹板贴面、雕塑玻璃、喷砂彩绘玻璃、镶嵌玻璃、玻璃砖、镜屏、不锈钢、塑胶饰面材、壁毯、壁纸等。

灰色乳胶漆墙面

△ 灰色乳胶漆墙面：简洁、干净，是最经典的玄关墙面设计手法。

水泥墙面

△ 水泥墙面：现代工业感十足，具有理性气息。

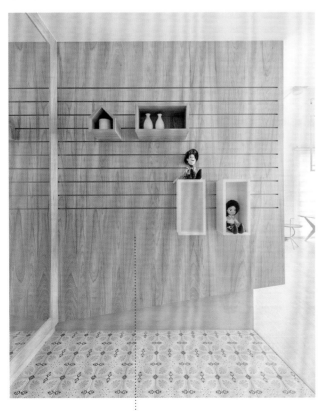

木饰面板墙面

△ 木饰面板墙面：以木纹板与直线条结合设计，烘托出浓郁的自然、淳朴的氛围。

磨砂玻璃隔断墙

△ 磨砂玻璃隔断墙：呈对称形式，磨砂透明质感为空间增添了朦胧的气息。

6. 过道墙面

01

过道墙面的色彩搭配原则

　　在过道墙面的色彩设计中，过多的色彩参与往往显得纷杂。在色彩上做减法可以减少突兀的旁色或者分散注意力的杂色。运用无彩色系、单色系或者协调色系，能够营造出温馨而贴近生活的氛围。

△ 以清雅的蓝色作为过道的墙面配色，一方面沿用了客厅主空间的色彩，形成良好的视觉延续；另一方面，冷色调也具有后退感，降低了过道的狭小感。

△ 以无色系为主色的过道墙面，简洁、利落，不会给狭长的空间带来压抑。

△ 白色为主色的过道墙面，加以装饰线条进行点缀，为空间增添了精致感。

△ 将白色作为过道的墙面配色，操作性非常强，是一种最不容易出错的过道配色方式。

02

过道墙面材料的选用原则

过道墙面的装饰效果由装修材料的质感、线条图案及色彩三方面因素构成，最常见的装饰材料是涂料和壁纸。一般来说，过道墙面可以采用与居室颜色相同的乳胶漆或壁纸。如果过道连接的两个空间色彩不同，原则上，过道墙面的色彩应与面积大的空间相同。

欧式花纹壁纸

△ 欧式花纹壁纸：大马士革纹样具有拓展空间的作用，令狭小的过道具有了扩张感。

金属装饰线 白色乳胶漆　　　　　　　　木纹饰面板

△ 金属装饰线 + 白色乳胶漆 + 木纹饰面板：过道两面墙分别运用两种不同的装饰材料，避免了单一感，金属装饰线的加入，提升了空间的品质。

石膏板造型　镜面玻璃

△ 石膏板造型 + 镜面玻璃：镜面玻璃具有扩大空间的作用，可以令人感觉空间仿佛扩大了 1 倍。

03

过道墙面的装饰方法

过道墙面应与空间中的其他界面相融合，否则在视觉上便会失衡。不妨将过道的墙面当作一个展示空间，倘若预算充裕，也可以在过道顶面上装上几盏嵌灯或投射灯，然后在过道墙面挂上收藏的画作、饰品等，使原本平淡的过道化身为一个小艺廊。

圆形组合装饰墙饰

长方形单幅装饰画

TIPS ▶ **将过道端头墙面打造成视觉焦点**

由于过道的空间狭长，其端头可以说是最容易出彩的地方，不妨在这里做一些造型或者装饰，让它成为空间的视觉焦点。

四、常见装饰风格墙面设计手法

1. 现代装饰风格

配色	最好选用明亮的颜色，或者选择浅色系，如白色、灰色、蓝色等自然色彩。
材料	一般常运用板材进行设计，但各种充满质感的坚硬石材，也会出现在现代类型风格的墙面设计中。
造型	最常见的是板材竖直拼接形式，有时也会利用板材做一些拼接变化，如斜线拼接或鱼骨形拼接等；或者将板材与其他材质结合定制，给人带来更加丰富的视觉感受。除了平面式定制，还可进行立体构造设计，充分体现出现代感。

配色：以白色为主色
材料：装饰线、白色乳胶漆
造型：利落的线框造型

配色：以浅灰色为主色
材料：乳胶漆、定制实木墙裙
造型：简化的直线条

配色：灰色 + 黑色
材料：石材
造型：立体构造式设计

配色：白色 + 暖色点缀
材料：实木线条、白色乳胶漆
造型：在竖向及横向接近黄金分割点处，分别设计三道竖向线条及一道横线条

TIPS ▶ **现代装饰风格的墙面设计以简洁为佳**

现代装饰风格的墙面设计应考虑整个室内的空间、光线、环境以及家具的配置、色彩的搭配和处理等诸多因素，以简洁为佳。

配色：以白色为主色

材料：定制背板、定制搁板、定制收纳柜、木纹饰面板清漆饰面

造型：墙面背板部分由密排的竖向板构成，前面则做了横板和收纳式电视柜，整体呈现内凹的形式

配色：以浅灰色为主色

材料：乳胶漆、定制收纳柜

造型：电视墙中间的部分被设计成内凹的大块面造型，以定制垭口造型

配色：木色 + 黑色

材料：免漆板

造型：运用不同色彩、纹路的板材进行拼贴

配色：木色

材料：木纹饰面板

造型：竖直拼接式设计

配色：木色

材料：板材、透光材质

造型：鱼骨形拼接式设计

配色：以米色为主色

材料：硬包、黑镜

造型：多种材料组合式设计，以直线条为主

2. 中式装饰风格

配色	常以白色为主色，有时会利用花纹壁纸，其色彩较为丰富。
材料	自然、古朴的实木饰面板与中式装饰风格相符，多为局部使用，再搭配上带有传统图案的壁纸或硬包，形成和谐的构图。各类镂空式格栅以及石膏板制作出的立体花鸟造型的墙面也很常见，可以丰富空间的层次感。除了传统的木质建材，还常用仿若带有山水纹理的石材来表现禅意风情。
造型	可利用线条将墙面分成不同的区块，给人以对称又平衡的视觉效果。线条的材质可以是质朴的实木材质，也可以是个性的金属材质，与空间整体统一即可。来自大自然中的花、鸟、虫、鱼等，是体现禅意风情的绝佳图案。

配色：白色 + 木色
材料：乳胶漆、实木墙板、实木线条
造型：镂空木板将空间结构和层次打开

配色：不同层次的灰、黑色
材料：人造大理石、实木线条
造型：利用直线条塑造出富有变化的背面造型

配色：白色、蓝色、胡桃木色
材料：瓷砖、胡桃木饰面
造型：六边形瓷砖

配色：深木色 + 白色 + 不同层次的灰色
材料：饰面板、硬包
造型、图案：传统中式线框、水墨山形图案

配色：米灰色 + 浅灰色
材料：装饰线、饰面板
造型：简洁利落的线条

配色：中灰色 + 白色
材料：乳胶漆、饰面板、石膏板造型、石材造型
造型：中式屋檐造型

3. 西方装饰风格

配色

色彩上偏古典的风格喜好金黄色系和棕色系；偏现代风格的色彩选择较为多样。

材料

垂直的石膏装饰线、简洁色彩的饰面板，以及体现自然感的软包与硬包比较常见。另外，墙面设计中也会出现石材，但很少运用光亮的大理石，一般用亚光石材来营造适宜居住的空间环境。

造型

为了能够展现出空间的优雅感，会用一些雕花装饰线来丰富墙面造型，或者用垂直的石膏装饰线来对墙面进行分割，又或者将框式形态作为墙面装饰。

配色：以白色为主色
材料：石膏线
造型：规则的石膏线分割、欧式雕花

TIPS ▶ **西方装饰风格的墙面设计追求变化与层次**

西方装饰风格无论欧式还是法式，其墙面设计均追求连续性、形体变化和层次感。这与西方装饰风格追求精美的设计理念相吻合。

配色：蓝灰色
材料：木工板基层刷灰色混油漆、大理石及玫瑰金不锈钢勾边
造型：规则的石膏线分割

配色：白色
材料：雕花装饰线、饰面板混油
造型：雕花装饰线

配色：以深蓝色为主色
材料：石膏板刷混油漆
造型：简单的石膏板造型、壁炉造型

配色：以米灰色为主色
材料：乳胶漆、装饰线
造型：规则的装饰线分割

配色：白色＋黑色
材料：石膏板造型、装饰线
造型：规则的石膏线分割、欧式雕花造型

4. 自然类装饰风格

配色

主要颜色为白色、蓝色、黄色、绿色等，这些都是来自大自然的最纯朴的颜色。

材料

天然材料如木材、石材是自然类风格的绝佳选择。此外，碎花壁纸、布艺墙纸也能很好地体现自然风格。

造型

圆润的拱形在墙面设计中很常见，能够令空间展现出一种流动的美感。

配色：米黄色、红砖色
材料：乳胶漆、砖墙
造型：圆拱形、流畅的装饰线

配色：多彩色搭配
材料：壁纸、石膏板造型
造型：立体线型

配色：白色、紫色
材料：乳胶漆、混油饰面板
造型：镂空造型墙、圆拱形

配色：不同层次的绿色
材料：壁纸
造型：无造型的平面设计

第二章 吊 顶

吊顶在整个居室装饰中占据相当重要的地位，对居室顶面作适当的装饰，不仅能美化室内环境，还能塑造出丰富多彩的室内空间艺术形象。顶面的造型设计风格多变，每一种都能创造出不同的装饰效果。另外，顶面装修还要起到遮掩梁柱、管线，隔热、隔音等作用。在选择吊顶装饰材料与设计方案时，要遵循既省材、牢固、安全，又美观、实用的原则。

一、吊顶常见分类

1. 平面吊顶

　　平面吊顶相当于给顶面加了个平板，通常会在平板上面加辅助光源，一般适用于简洁风格的居室。另外，若房高大于2.7m，建议大面积使用平面吊顶，常用材料为轻钢龙骨和石膏板。

平面吊顶 + 斗胆灯

平面吊顶 + 造型吊灯

多边形平面吊顶 + 金属烛台吊灯

平面吊顶 + 等距排列的筒灯

2. 凹凸式吊顶

凹凸式吊顶表面进行凹入或凸出构造处理的一种吊顶形式，其造型复杂、富于变化，层次感强。适用于客厅、玄关、餐厅等顶面装饰，常与灯具如吊灯、吸顶灯、筒灯、射灯等搭接使用。

圆形跌级吊顶 + 小型水晶吊灯

长方形凹凸式吊顶 + 小型单头吊灯

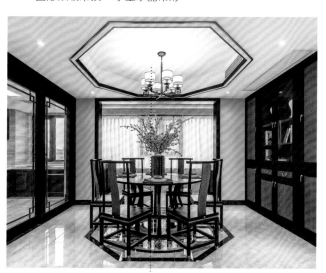

几何造型跌级吊顶 + 纤细的黑色实木线条修饰 + 吊灯

长方形凹凸式吊顶 + 小型吊灯

3.悬挂式吊顶

悬挂式吊顶是将各种板材等悬挂在结构层上的一种吊顶形式，富于变化和动感。常用于客厅、餐厅、卧室等顶面装饰。通过各种灯光照射形成别致造型，充满光影的艺术趣味。

▷ 悬挂式吊顶的设计令空间呈现出与众不同的样貌，在整体简洁的空间设计中，独具韵味。

以平直线条为主的悬挂式吊顶 + 造型吊灯

双层整体式吊顶（中间部分为四条大块面）+ 筒灯

4. 藻井式吊顶

在房间的顶面四周进行藻井式吊顶，可设计成一层或两层，装饰后有增加空间高度的效果，同时可改变室内的灯光照明；但前提是房间较大，且层高必须高于2.85m。

▷ 若层高有限，可以选择单层藻井式吊顶，这样既能丰富空间的层次感，也不会造成视觉上的压抑感。

双层藻井式吊顶＋铁艺支架吊灯

单层藻井式吊顶＋金属支架吊灯

5. 穹形吊顶

即拱形或盖形吊顶，常出现在欧式风格的别墅中，适合层高特别高或者顶面为尖屋顶的房间，要求空间最低点高度大于2.6m，最高点没有要求，常用材料有轻钢龙骨、石膏板、壁纸等。

以藻井式结构与雕花修饰的穹形吊顶 + 大型水晶吊灯

6. 人字形吊顶

用木板包裹起来，设计成古代屋檐的式样，人字形吊顶可以为空间带来浓厚的古朴情趣。这类吊顶看似复杂，造价却不高，通常以带有木纹的饰面板为材料，其不仅价格较低，还能防火。

木线条与布艺相结合的人字形吊顶 + 多级艺术吊灯

木线条组合的人字形吊顶 + 暗藏筒灯

木线条组合的人字形吊顶 + 艺术吊灯

长方形凹凸吊顶 + 小型吊灯

7. 集成吊顶

作为厨卫吊顶中炙手可热的吊顶产品，集成吊顶扣板的制作工艺多种多样。目前，市场上较为普遍的集成吊顶扣板按制作工艺来分主要有以下几种：覆膜板、滚涂板、拉丝板、阳极氧化板。

覆膜板

覆膜板是近年来较为流行的工艺，光泽鲜艳，可挑选花色品种多，防水、防火，具有优良的耐久性（耐候性、耐蚀性、耐化学性）和抗污能力，防紫外线性能优良。

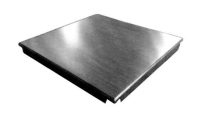

滚涂板（又叫辊涂板）

滚涂板是引进高科技，配合高性能的滚涂加工工艺，使用一种进口油漆，附着在铝产品的表面制作而成的，其附着力很强，颜色很逼真，保持的年限也很长。滚涂板可有效地控制板材的精度和平整度，有效地消除传统的喷涂工艺铝天花板表面存在凹陷和褶皱的弊端。

03

拉丝板

拉丝板不同于传统金属板的外观形象，令人眼前一亮，给人以流畅、典雅、庄重、华贵的感觉，在阳光与灯光映衬下，熠熠生辉。拉丝板以优质铝板为基材，具有优越的使用性能，表面色泽亮、均匀、稳定、持久，可满足业主高品质与时尚感的追求。

04

阳极氧化板

阳极氧化板具有超强金属质感，高档、美观，密度只有不锈钢的三分之一，耐刮伤，触摸后不留手印，抗静电、不吸尘且容易清洗，100% 环保、无毒，完全防火，可直接冲压成型，折弯部位抗爆裂。

二、吊顶设计要点

1. 吊顶材料选择应兼顾实用性与美观性

吊顶材料要遵循既省材、牢固、安全，又美观、实用的原则。吊顶材料一般有装饰板、龙骨、吊线等。根据装饰板的材质不同，吊顶可分为石膏板吊顶、金属板吊顶、玻璃吊顶、PVC 板吊顶等，石膏板造价相对便宜，PVC板次之，金属板最耐用但价格较高。

金属装饰线　　　石膏板造型

杉木实木板　　　杉木实木方

铝扣板

TIPS ▶ **厨房、卫浴的吊顶材质要易于清洁**

厨房作为烹饪场所，不可避免有油烟污染，卫浴则容易聚积水汽，因此，这两个空间的吊顶既要便于清洁，又要具有防潮、抗腐蚀的特性，通常用扣板做全面吊顶。

2. 吊顶和墙面之间需进行有效过渡

吊顶与墙面中间可以用天花角线收边，其具有类似画框的功能。当吊顶与墙壁的色彩与材料不同时，其也具有收口效果。吊顶应选用色度弱、明度高的色彩，以增加光线的反射，扩大空间感。

△ 吊顶和墙面之间用雕花装饰线进行分隔，装饰效果极强，同时也为吊顶和墙面之间增加了层次感。

白色乳胶漆　雕花装饰线

白色乳胶漆　　　　　雕花装饰线

3. 顶面有管道可选择局部吊顶进行处理

局部吊顶是在居室的顶部有水、暖、气管道，而且房间的高度又不允许进行全部吊顶的情况下，采用的一种吊顶方式。当水、暖、气管道靠近边墙时，采用这种方式装修出来的效果与异形吊顶相似。

△ 将水管作为吊灯的装饰，搭配水泥粉光顶面，使整个空间呈现出硬朗的质感。

△ 直接暴露原本顶面的通风管，搭配造型来吊顶，使整个空间的艺术品位大幅提升。

水泥顶面　　　　　　　　　　　　　　　　水管装饰

4. 利用吊顶来划分不同的功能空间

如果居室的多个不同功能空间都集中在一个大环境里，区域就很难划分，如果规划得不好，效果就平淡无味；如果单纯用家具划分，就会使空间显得很拥挤。这时候，最好的办法就是通过做错落有致的吊顶来划分两个区域。

△ 客厅区采用凹凸式吊顶，开放式厨房采用悬挂式吊顶，错落有致的形式极具设计感。

△ 客厅区采用平顶，餐厅区采用木方装饰，两个空间之间还做了石膏板造型的分隔，整个顶面的设计层次分明。

△ 客厅和餐厅顶面均为白色，但客厅区为平顶，餐厅区用石膏板做了低于客厅区的平顶设计，两个不同的功能空间通过吊顶设计进行了区分。

△ 客厅区为普通平顶，餐厅区的吊顶材质沿用了墙面材质，令这块区域成了一个整体。

三、功能空间吊顶设计

1. 客厅吊顶

吊顶要和整体居室风格一致

客厅吊顶设计不仅要美观大方，和整个居室的风格保持一致，还要避免产生压抑、昏暗的效果。一般来说，客厅可以选择电视墙面、沙发墙面做局部吊顶，客厅中央保持房间原有的高度，以达到空旷、明亮的效果。

△ 二次平面吊顶本身就具有一定的层次感，再加上金属线进行装点，透出一丝细节中的精致。

△ 平面吊灯不会降低空间的层高，且简洁、利落，非常适用于简约风格的居室，搭配一些筒灯或灯带，就能营造良好的光环境。

△ 客厅吊顶用黑镜进行装点，同时搭配多个金属灯罩的吊灯，令吊顶成为空间中极为吸睛的区域。

△ 整齐排列的木方吊顶虽然造价有些高，但胜在自然感十足，同时也为空间带来与众不同的视觉观感。

TIPS ▶ **小客厅和层高较低的客厅不宜做复杂吊顶**

小客厅可以用薄一点的石膏板吊顶，甚至不做吊顶来增加空间的开阔感。层高在 2.5 ~ 2.7m 之间的居室也不适合吊顶，若做一些复杂的造型顶，会显得比较压抑。

02

客厅吊顶的色彩搭配原则

客厅吊顶一般应取轻浅、柔和的色彩，给人以洁净大方的感觉，忌用浓艳的色彩。但从整个房间的装饰效果来看，如果顶面全是白色，即使房间的墙面装饰得很美，也不协调。因此，顶面的色彩也可以稍作变化。

△ 客厅吊顶为藻井式，这种吊顶虽然层次感丰富，但容易带来压抑感，而白色的运用很好地规避了这一问题。

△ 平顶造型虽然简洁，但有时难免显得单调，在设计时不妨用金属线进行装点，这样能够将空间的品质与精致凸显得淋漓尽致。

△ 简单的白色平面吊顶与空间整体淡雅的色彩、利落的造型调配相宜，整个空间散发出一种治愈的气息。

03

客厅吊顶的灯光设计原则

　　客厅的基本照明可用顶灯，顶灯的选用应根据客厅的面积、高度和风格来确定。如果客厅面积不大，仅十二三平方米，且居室形状不规则，那么不妨选用吸顶灯。如果楼层高度低于2.6m，吸顶灯可以使客厅显得明快大方，搭配局部照明的落地灯、壁灯可以营造亲切和谐的氛围。

△ 吊顶中间整体下吊，以筒灯取代主灯，两侧预留位置安装灯带，这种设计虽然简洁，但塑造出丰富的光影变化。

△ 平整的顶面，没有过多的造型设计，仅在两个空间过渡处以简单的曲线来区分，嵌入暖光灯带，使空间多了几分柔和细腻。

2. 餐厅吊顶

01

餐厅吊顶应考虑墙、地、顶的协调统一

餐厅吊顶应注重整体环境营造。顶面、墙面、地面组成了室内空间，共同营造室内环境。设计中要注意三者的协调统一，在统一的基础上使其各有自身的特色。

△ 餐厅吊顶为凹凸式，并将光源设计在凹进去的区域，增强了光源的聚拢性；同时，吊顶的造型设计并不复杂，与整体空间的融合度较高。

△ 餐厅吊顶采用一定的几何造型，与不规则的墙面设计，共同塑造了趣味化空间形态。

△ 餐厅吊顶的配色与空间整体的色彩相协调，同时金色的加入令空间的品质大幅提升。

△ 餐厅吊顶沿用客厅的吊顶形式，同时户型造型十分有创意，加之丰富的材质配合，整个顶面设计创意感十足。

TIPS ▶ **餐厅吊顶装饰应注重安全性能**

　　餐厅顶面的装饰应保证顶面结构的合理性和安全性，不能单纯追求造型而忽视了安全性能。同时其装饰也应满足适用、美观的要求。

02

餐厅吊顶材料的应用原则

　　餐厅吊顶应注重整体环境营造，同时顶面装饰应满足适用、美观的要求，应用素雅、洁净的材料做装饰，如涂料、局部木质、金属等，并用灯具作衬托，有时可适当降低吊顶高度，给人以亲切感。

实木方梁　　　　　白色乳胶漆

△ 实木方梁 + 白色乳胶漆：用两个原木制作的方形假梁装饰餐厅顶面，展现出餐厅的自然韵味。

木色装饰线　　　　　白色乳胶漆

△ 木色装饰线 + 白色乳胶漆：圆形的跌级吊顶有一种天圆地方的视觉观感，非常符合中式家居风格的设计理念。

金属装饰板

△ 金属装饰板：餐厅顶面用金属装饰板来打造，给人一种十分新颖的感觉，搭配大型的艺术吊灯，装饰感极强。

白色乳胶漆

△ 白色乳胶漆：白色乳胶漆的平顶设计是空间中最容易实现的吊顶设计，搭配一个长线单头吊灯，就能很好地满足空间的基本使用诉求。

03

餐厅吊顶的灯光设计原则

灯具的选择是吊顶设计的一个重点。吊顶上的灯饰主要起衬托作用，通过明暗对比来突出装修效果。要善于运用照明来烘托愉快的就餐气氛。餐厅一般将能伸缩的吊灯作为主要的照明设备，配以辅助的壁灯，其灯光的颜色最好是暖色。

△ 餐厅主光源为单头吊灯，合理的悬挂高度令就餐环境变得温馨；吊顶边缘的筒灯则作为点光源，丰富空间照明层次的同时，也为装饰画提供了焦点照明。

△ 餐厅将两个吊线灯作为主光源，同时安装了暗藏灯带，令就餐空间的光环境明亮又不失柔和。

△ 装饰性极强的水晶吊灯不仅达到了良好的照明效果，同时也为空间增添了精致感。

3. 卧室吊顶

卧室吊顶设计应重点考虑舒适性

吊顶是卧室顶面设计的重点之一，其造型、颜色及尺度直接影响到卧室的舒适度。一般情况下，卧室的吊顶宜简不宜繁、宜薄不宜厚。做独立吊顶时，吊顶不可与床离得太近，否则会让人产生压抑感。

> **TIPS ▶ 卧室吊顶设计应避免"大动干戈"**
>
> 餐厅顶面的装饰应保证顶面结构的合理性和安全性，不能单纯追求造型而忽视安全。同时其装饰也应满足适用、美观的要求。

△ 简洁的平顶不会影响卧室的层高，避免压抑感的产生。

△ 卧室吊顶在平顶的基础上增加了压花纹路，以及装饰木线，不影响层高的同时，也丰富了吊顶的层次感。

02

卧室吊顶的色彩搭配原则

卧室的顶面一般选择简洁、淡雅、温馨的色系。色彩以统一、和谐为宜，对局部的颜色搭配应谨慎，过于强烈的对比会影响人休息和睡眠的质量。一般来说，卧室的颜色大多是自上而下、由浅到深，给人一种稳定感，反之则容易给人头重脚轻的感觉。

△ 以白色为主色的吊顶虽然造型比较繁复，但胜在色彩简洁，既丰富了空间的顶面层次，也不会令人觉得杂乱。

△ 简单的白色平顶配上斗胆灯，令宽度有限的卧室显得不拥挤，无主灯的照明设计形式，使卧室顶面十分清爽。

△ 吊顶色彩与墙面色彩融为一体，同时结合几何线条进行分割，增强了空间的现代感与趣味性。

△ 白色的顶面设计与清爽、雅致的卧室氛围融合度较高；同时采用凹凸设计形式，使层次感更丰富。

03

卧室吊顶的灯光设计原则

由于卧室是休息的地方，其照明光源应以柔和色调为主。另外，除了采用易于睡眠的柔和光源，更重要的是要通过灯光的布置来缓解白天工作的压力。

△ 除了等距筒灯，卧室还在床头背景墙的吊顶处设计了暗藏灯带，柔和的光线满足了卧室追求静谧感的诉求。

△ 造型感极强的吊灯搭配暗藏灯带，以及筒灯点缀，令卧室的光环境层次十分丰富。

△ 卧室吊顶处等距排列的 4 盏筒灯为背景墙面提供了焦点照明，同时卧室背景墙还设置了暗藏灯带与悬吊式壁灯，多层次的照明令卧室背景墙区域的光环境十分宜居。

TIPS ▶ **卧室照明灯具的组合方式**

卧室照明可分为照亮整个室内的顶灯、床灯以及较低的夜灯三部分。顶灯光线不应刺眼；床灯可使室内的光线变得柔和，营造浪漫的气氛；夜灯产生的阴影可使室内看起来更宽敞。

4. 玄关吊顶

玄关吊顶的原则是简洁、统一，不乏个性

在巧妙构思下，玄关吊顶往往成为极具表现力的室内一景。它可以是自由流畅的曲线；也可以是层次分明、凹凸变化的几何体；还可以是"大胆露骨"的木龙骨，上面悬挂点点绿意。玄关吊顶需要遵循的原则是简洁、整体统一、有个性，同时要将玄关的吊顶和客厅的吊顶结合起来考虑。

△ 简洁的白色石膏板吊顶与空间的融合度较高，适合狭小的玄关区域。

02

玄关吊顶色彩的搭配原则

玄关虽然相对独立，但其吊顶绝不是独立的，一定要和整个空间相呼应。一般而言，在色彩选择方面，最保守同时也是最佳的选择是白色，然后局部混搭亮色，这样的色调与整体环境能实现较好地搭配。

△ 玄关吊顶延续了客厅吊顶的设计形式，但利用凹凸感进行了区分，统一中不乏变化。

△ 整个玄关空间运用无色系中的白色与灰色两色来搭配，给人非常整洁的视觉观感；白色吊顶为空间中的轻色，具有延展层高的效果。

△ 凹凸式设计的玄关吊顶，凹处为米灰色，凸出为白色，无论色彩，还是造型都具有变化性，丰富了玄关空间的视觉观感。

△ 白色的凹凸式吊顶，结合装饰线，打造出层次丰富的玄关顶面。

玄关吊顶材料的应用原则

在选择玄关吊顶装饰材料时，要遵循既省材、牢固、安全，又美观、实用的原则，常用的材料有石膏板、夹板、玻璃等。

▷ 水泥顶面：工业感十足，且与客厅吊顶融为一体。

水泥顶面

爵士白大理石顶面

白色乳胶漆顶面

△ 爵士白大理石顶面：与墙面的材质相同，有较高的一体性，同时具有品质感。

△ 白色乳胶漆顶面：简洁、利落，结合筒灯照明，为玄关空间带来了通透感。

玄关吊顶的灯光设计原则

　　玄关的光照应柔和明亮，可根据顶面造型暗装灯带，镶嵌射灯，设计别致的轨道灯或简练的吊杆灯；也可以在墙壁上安装一盏或两盏造型独特的壁灯，保证玄关内有较好的亮度，使玄关环境高雅别致。当然，灯光效果应有侧重点，不可面面俱到。

△ 由于玄关区域的面积往往不大，因此非常适合无主灯设计，暗藏筒灯就能为这一区域营造良好的照明环境。

△ 在吊顶四周暗藏灯带，并结合等距的筒灯照明，为玄关营造和谐，且照度足够的照明环境。

△ 玄关处一直延伸到过道区域，均在顶面做了暗藏灯带，单一却照度适宜的设计手法，不会造成光污染。

5. 过道吊顶

01

过道吊顶设计应考虑人体工程学

过道顶面的装饰需以人体工程学、美学为依据进行。从高度上来说，过道顶面不应小于2.5米。否则，最好不做造型吊顶，而选用石膏线框，或者用清淡的阴角线或平角线等起到装饰作用，过分装饰会造成视觉上的负担。

△ 平顶压花纹式的吊顶不会降低层高，又在视觉上有所变化。

△ 在吊顶与墙面的结合处用装饰线来进行过渡，使过于简单的白顶和白墙有了层次上的变化。

平顶＋通风口设计

平顶＋暗藏筒灯设计

过道吊顶的材料选用原则

过道的顶面装饰可利用原顶结构刷乳胶漆稍做处理，也可以采用石膏板做艺术吊顶，外刷乳胶漆，收口采用木质或石膏阴角线，这样既能丰富顶面造型，又利于进行过道灯光设计。

白色乳胶漆顶面

△ 白色乳胶漆顶面：简洁的设计形式搭配金色筒灯，在细节处体现精致感。

白色乳胶漆顶面

△ 白色乳胶漆顶面：平面形式的吊顶在视觉上具有整洁性。

白色乳胶漆顶面

△ 白色乳胶漆顶面：凹凸形式的顶面富有层次感，与带装饰线的定制柜体形成呼应。

白色乳胶漆顶面　金属装饰线

△ 白色乳胶漆顶面 + 金属装饰线：金属装饰线起到分割与点缀的作用，在视觉上给人以变化感。

03

过道吊顶的灯光设计原则

　　过道顶面的灯光设计应与相邻的客厅相协调，可采用射灯、筒灯、串灯等样式。同时应避免只依靠一个光源提供照明，这样会把人的注意力集中在一盏灯上而忽略了其他因素，也会给空间造成压抑感。另外，过道的灯光应该有层次，通过无形的灯光变化让空间展现出生命力。

暗藏灯带

△ 等距排列的筒灯为过道营造了均匀的光环境，柔和的光线营造了舒适的氛围。

暗藏灯带、筒灯

四、常见装饰风格吊顶设计手法

1. 现代装饰风格

配色

材料 ╱ 一般平面吊顶常采用白色，也可以运用纯色乳胶漆进行涂刷。

╱ 多在石膏板上涂刷乳胶漆，也可以利用饰面板材或实木方做装饰吊顶。

造型 为了增加室内的观赏性，会在定制吊顶中加入斜坡或曲线设计，或用几何形式进行分割。充满现代感的吊顶设计，可以使整个空间的线条十分柔美且富有情调。

配色：白色 + 黑色
材料：石膏板、涂胶器、金属装饰线
造型：简洁、利落的直线条

配色：棕木色
材料：木饰面板
造型：块状拼贴

配色：白色
材料：石膏板造型
造型：圆角正方形组合

配色：白色 + 木色
材料：石膏板造型 + 乳胶漆 + 木饰面板
造型：方形、几何线形拼接

TIPS ▶ **现代装饰风格的吊顶应避免烦琐设计**

现代装饰风格的吊顶设计一般比较简单，不做过于复杂的设计，有时甚至不做吊顶。这样的设计手法与现代风格追求简洁设计的理念充分吻合。

配色：木色
材料：饰面板
造型：斜向线条拼接

配色：白色
材料：乳胶漆
造型：带有弧度的样式，并与吊灯结合

配色：灰金色
材料：染金银箔纸
造型：简洁、利落的直线条

2. 中式装饰风格

配色

吊顶配色一般是建材自有色彩，如常见的木色，以及花纹壁纸中丰富的色彩。

材料

可以采用实木板或实木方来彰显风格特征，或用石膏板设计出形式多样的中式图案，以及雕刻各种花鸟图案等；也可以直接运用带有中式镂空图案的木格栅装饰吊顶。若客厅只是局部吊顶，则可以使用弹力布材料或者壁纸来做装修，之后用灯光做衬托。

造型

藻井式吊顶作为我国传统建筑学中木结构建筑中的一种形式，是非常经典的设计。但由于现代建筑层高的限制，藻井式吊顶的设计被弱化，有时只保留一些纹样图案或部分线条，从而避免给人带来压抑之感。

配色：白色 + 灰色
材料：石膏板造型 + 木线条 + 中式花纹壁纸
造型：直线条

配色：白色 + 黑色
材料：石膏板造型、木线条
造型：直线条

配色：白色 + 黑色
材料：实木格栅、白色乳胶漆
造型：平直的线条

配色：白色 + 木色
材料：传统中式纹样的木格栅
造型：镂空花纹造型

TIPS ▶ **中式装饰风格的吊顶可利用中式元素来体现层次感**

中式装饰风格沿用了传统中式的风格，但可以将传统中式中繁复、奢华的氛围变得简约、现代化。例如，可以通过嵌入木线条或金属线条的形式，来体现吊顶的层次，强调顶面轮廓。

配色：白色 + 棕木色 + 浅灰色
材料：石膏板造型、木线条、弹力布
造型：直线条、长方形

配色：木色
材料：实木方
造型：直线条拼接

配色：白色
材料：石膏板
造型：简化的中式雕花造型

配色：白色 + 木色
材料：乳胶漆、实木线条
造型：线条组合而成的跌级吊顶

3.西方装饰风格

配色

以白色居多，局部吊顶会出现金箔色泽。

材料

常采用轻钢龙骨或木龙骨做架构，表面用纸面石膏板作饰面，在墙面与吊顶的阴角处也会用石膏线收口，来增强空间的层次感，使房间显得更高。另外，还可以将金属线条或茶镜作为装饰，融入吊顶设计中。

造型

常采用异形吊顶和多级吊顶。异形吊顶主要沿用古典欧式风格中的椭圆拱形或圆拱状，这样的处理结果能更好地彰显出空间的宽阔感，也能有效地避免过低的吊顶遮掩大梁，而造成空间压抑感。多级吊顶则指采用层次化的样式来丰富视觉感受，一般至少做两个层次。如果采用平顶设计会在局部加入雕花装饰，或者将古典欧式花纹简化，凸显对细节设计的关注。

配色：以白色为主色
材料：石膏板刷乳胶漆
造型：经过提炼的欧式花纹立体造型

配色：以白色为主色
材料：花纹浮雕、石膏线
造型：利落的直线条

配色：白色、蓝色
材料：浮雕石膏线、石膏板、乳胶漆
造型：复杂的古典雕花造型

配色：白色、金色
材料：石膏板、金色壁纸
造型：方与圆的异形设计

第三章 地　面

　　作为承受面，地面是室内空间的基面，需要坚固耐久，能经受住使用与磨损；在设计方向上需要与整个空间相协调，并能引导人们的审美方向。同时，应注意地面图案的划分、色彩和质地特征，满足地面结构、施工及物理性能的需要。

一、地面设计要点

1. 地面设计应注意基面与整体的一致性

地面设计要注意基面与整体的一致性，使地面发挥烘托气氛的作用。另外，在设计时，地面色彩不可太多，以免影响空间的整体效果。

△ 斑驳灰色纹理的木地板为空间奠定了沉稳的基调，突出了暖色系沙发的主导地位。

△ 灰白图案的地毯搭配灰色系地面，色彩统一，又充满了变化。

△ 木地板散发出温润的气息，铺设黑白相间的地毯打破了平静的空间，散发出现代、理性的气息。

△ 木色地板与米灰色地毯的搭配，令空间散发出温馨、治愈的气息。

> **TIPS ▶ 地面色彩与家具和墙面配色的关系**
>
> 地面通常采用与家具或墙面颜色接近而明度较低的颜色，以期获得一种稳定感。也可以和家具色彩形成对比，如家具色深，地面色彩则淡一些，反之则深一些。

2. 地面设计首先应要考虑功能因素

在地面设计时首先应考虑功能因素，地面的形式、形状、范围、大小都由功能决定。例如，在休息大厅内，为了限定一个休息空间，地面的不同划分和铺砌形式及地面的凹凸都将发挥积极作用。

△ 大理石纹路的地砖与木地板进行拼接设计，一冷一暖的材质对比，令空间更加有调性。

△ 空间主要区域的地面材质为"人字形"拼贴的木地板，过道材质为水泥粉光，利用材质来划分区域的设计手法，不仅有效区分了空间的功能性，也增强了空间的设计感。

二、功能空间地面设计

1. 客厅地面

　　客厅地面铺设的材料可选择的种类很多，如地砖、木地板、大理石等。除了常见的地面铺设材料，表现力丰富、质感舒适的地毯也成了客厅空间不可或缺的用品。如果客厅空间较大，可以选择厚重、耐磨的地毯。面积稍大的最好将地毯铺设到沙发下面，以形成整齐划一的效果。如果客厅面积不大，可选择面积大于茶几的地毯，也可以选择圆形地毯。

强化复合地板

△ 木质地板一般会给人带来温暖、质朴感。

亚光釉面砖

△ 瓷砖类地板的现代感较为强烈。

大面积铺设地毯的形式

短绒地毯

圆形地毯的铺设形式

玻化砖

2. 餐厅地面

　　餐厅空间的地面材料，以各种瓷砖或复合地板为首选。因为这两种装饰材料都具有耐磨、耐脏、易清洗、花色品种多样等特点，符合餐厅空间的需求，适于在家庭中使用。

玻化砖

△ 光亮的玻化砖地面能够增强空间的通透感。

实木复合地板

△ 实木复合地板的温暖感较强，与暖色调的空间搭配相宜。

3. 卧室地面

卧室地面材料最好选用实木地板，冬暖夏凉，且比较贴近自然。但实木地板价格较贵，且不易打理。因此，复合地板也是不错的选择。另外，用瓷砖铺贴卧室地板也很常见，镜面砖还可以大大提高房间的亮度，适用于采光不好的卧室。

▷ 实木复合地板的温润感十分适合卧室这种用于休憩的空间。

实木复合地板

玻化砖

△ 玻化砖比较适用于现代感较强的室内卧室空间。

TIPS ▶ **卧室地板配色应与整体空间配色相协调**

地板的颜色要与整体空间的颜色相协调。深色地板有着很强的感染力，会让空间充满个性；浅色地板很适合现代简约风格的卧室。但应该注意的是，如果家具也是深色的，就要慎用深色地板，否则容易让人产生压抑感。

4. 卫浴地面

若以舒适为主要考量，卫浴地面铺地毯是最受欢迎的选择；但为了抗潮湿，最好采用专为浴室设计的橡胶底板的地毯。另外，将卫浴的墙面都砌上瓷砖，也是不错的选择。但在选购时，务必选择具有防滑设计的瓷砖。

仿木纹地砖

△ 灰色的仿木纹地砖既与整体空间的现代气息吻合，又不乏温暖质感。

仿木纹地砖

△ 木色的仿木纹地砖十分逼真，既防水，又为原本冰冷的卫浴奠定了温馨基调。

釉面砖

△ 将釉面砖铺设在洗漱区，搭配 PVC 地垫，既方便又清洁。

釉面花砖

△ 釉面花砖中的多色彩搭配，为卫浴小空间营造了活跃的氛围。

5. 玄关地面

　　玄关地面是家里使用频率最高的地方，因此地面材料要具备耐磨、易清洗的特征。地面装修通常依整体装饰风格而定，一般用于地面的铺设材料有玻璃、木地板、石材或地砖等。

亚光釉面砖

△ 亚光釉面砖耐磨性较强，适合人流量较大的玄关；灰色调的运用增强了空间的大气感。

亚光釉面砖

△ 在玄关区铺设亚光釉面砖与空间的整体调性搭配相宜，同时造价也不高，适合大多数家庭选择。

六边形亚光釉面砖

△ 六边形亚光釉面砖在形态上为玄关区增添了活力，使空间具有灵动感。

玻化砖

△ 带有石材纹路的玻化砖提升了玄关空间的品质，同时也耐磨、易打理。

TIPS ▶ 玄关与客厅相连时，地面可做区分设计

　　如果想令玄关区域与客厅有所区别，可以选择铺设与客厅颜色不一的地砖。还可以把玄关的地面升高，将与客厅的连接处做成一个小斜面，以突出玄关的特殊地位。

第四章 隔 断

隔断是整个居室的一部分，颜色应该和居室的基础部分协调一致。隔断不承重，所以造型不受限制，是一种非功能性构件，其装饰效果可以放在首位。隔断设计应注意高矮、长短和虚实等的变化统一。一般来说，当家居的整体风格确定后，作为局部的隔断设计也应采用这种风格，从而达到整体效果的协调一致。

一、隔断常见分类

1. 推拉式隔断

推拉式隔断方式可以灵活地按照使用要求把大空间划分为小空间或合并空间。推拉式隔断的设计形式一般为推拉门。

▷ 通透的玻璃推拉门不会影响厨房的采光，同时占地面积小，节约空间。

△ 用磨砂质感的玻璃推拉门分隔两个空间，可以达到隔而不断的视觉效果。

△ 玻璃推拉门最适合作卫生间中洗漱区与淋浴区的分隔。

TIPS ▶ **推拉式隔断的常用材质**

推拉式隔断最常用的材质为玻璃，被广泛应用于厨房、卫浴等空间的隔断，以增强空间的通透性。另外，玻璃+板材材质设计可用于古典风格的空间中，玻璃+铝合金型材质则简洁、清爽，适合现代风格的空间。

2. 镂空式隔断

镂空式隔断不会遮挡阳光，也不会阻隔空气的流通，还能提高装修档次，颜色和花型的选择也丰富多样，因此受到了很多业主的青睐。

> **TIPS** ▶ **镂空隔断的花式应与家居整体风格相协调**
>
> 镂空隔断的花式一定要与家居整体风格相协调，如冰裂纹花式适合中式家居，大马士革花式适合欧式家居等。

△ 纯木质的雕花镂空隔断更具古典韵味，既能遮挡视线、划分空间，又能有效透光，还有不俗的装饰效果。

△ 镂空金属隔断所具有的光泽，使空间的精致感大幅提升。玫瑰金的色彩选择令家居空间复古又摩登。

△ 镂空式木质隔断能实现"步移景异"的效果，搭配棕色的实木材质，清新又不失端庄之韵，还原了简朴、宁静、利落之美。

3. 柜体式隔断

柜体式隔断设计主要是运用各种形式的柜子来进行空间隔断。这种设计能够把空间隔断和物品收纳两种功能巧妙地结合起来，不仅节省了空间面积，还增强了空间组合的灵活性。

▷ 利用隔断柜作为空间的分隔，实用性较强，摆放的装饰品或书籍，无不为空间增添视觉美感。

△ 将隔断柜的一部分嵌入墙中，形成了穿插的结构，具有结构美感，同时储物格还可摆放装饰品，进一步美化卧室。隔断柜搭配软帘可隔出更衣间，与门或实体墙相比，更具通透性。

4. 固定式隔断

固定式隔断常用于划分和限定家居空间，由饰面板材、骨架材料、密封材料和五金件组成。固定式隔断多以墙体形式出现，既有常见的承重墙、到顶的轻质隔墙，也有通透的玻璃隔墙、不到顶的隔板等。

▷ 墙体隔断总给人过于沉重的感觉，镂空的设计加上金属格栅和大理石的修饰，使层次立马变得丰富起来，视觉上也更有轻盈感和装饰感。

△ 将客厅与厨房之间的墙设计成镂空和吧台相结合的隔断，不仅让空间显得更宽敞，还增强了装饰性并增加了实用功能。

TIPS ▶ **固定式隔断的范畴可扩展到吧台、栏杆等**

隔断式吧台、栏杆、罗马柱等，也属于固定式隔断，其不仅起到隔断作用，也具备实用和装饰功能。

△ 将顶天立地的实木方作为客厅与餐厅的分隔，简约而不简单的结构，给人带来独特的视觉体验。

△ 将原本不规则的墙面做成一个三角吧台和柜体，既降低了空间的不规则感，又能对空间进行分区。

△ 将带有收纳功能的定制柜作为临近卫浴处的隔断，既能利用柜体收纳一些常用的卫生用品，还可以在开放式框格中摆放一些装饰品及书籍。

△ 客厅与餐厅用有藏有露的隔断进行分隔，可以保持两个空间的独立，也能保证通透感。正面大理石的造型与背面装饰柜的结合设计，相比于单一的石材或柜体设计更具灵活性和装饰性。

二、隔断常用材质

1. 板材

常用作隔断的板材包括石膏板、实木板和人工板等。石膏板的优点是便于切割加工，隔声、防火，缺点是容易损坏；实木板非常亲肤，木格子的隔断设计不会影响空间采光；人工板的空间隔断形式多样，可以打造不同的装饰风格和营造艺术氛围。

木饰面板　　　　　　　金属线条勾边

△ 木饰面板 + 金属线条勾边：木材温润的质感可以令居室呈现出温馨、雅致的格调；金属线条的修饰彰显空间的精致感。

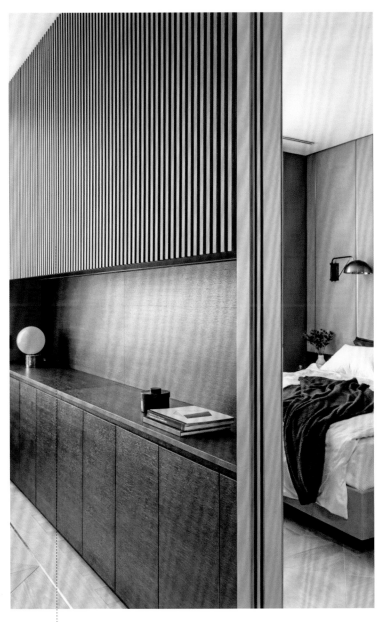

实木定制隔断柜

△ 实木定制隔断柜：品质高，具备收纳功能，使用性较强。

定制格栅隔断柜

△ 定制格栅隔断柜：既具有隔断的分隔作用，又不会影响采光。

2. 玻璃

玻璃材质的空间隔断设计，又称玻璃隔墙，可以将空间根据需求进行划分，更加合理地利用空间，满足各种居家需求。玻璃的隔断材质通常用钢化玻璃，因其较为安全、牢固和耐用，且打碎后对人体的伤害比普通玻璃小很多。

钢化玻璃隔断

△ 钢化玻璃隔断：通透感强，且不会过多占用空间的面积。

压花玻璃 铝合金框架

△ 压花玻璃 + 铝合金框架：压花玻璃作为主材质，既不会阻挡光线，又可以遮挡部分视线。黑色的铝合金框架作为线条穿插在隔断中，带来了动感，也增强了安全性。

金属框架 夹层玻璃

△ 金属框架 + 夹层玻璃：玻璃材质的运用，通透大方；金属框架则充满精致的现代感。

镜面玻璃隔断

△ 镜面玻璃隔断：给空间增添了戏剧效果，能够放大空间。

3. 珠线帘

　　最便捷的隔断方式之一，具有易悬挂、易改变的特点，花色多样且经济实惠，可根据房间的整体风格随意搭配。这种隔断方式最适合紧凑户型使用。在选购时要注意考虑到整体家居的色调。

▷ 木饰面板 + 珠帘：不规则的木饰面板为空间带来了视觉变化，珠帘则带来了一丝浪漫感。

木饰面板　　　珠帘

金属装饰帘

△ 金属装饰帘：具有金属光泽，现代感较强，装饰性也较高。

4. 布艺

　　布艺隔断既可以用棉布或丝绸等不透光布料让隔断出的两个空间相对独立，也可以用透明的纱帘，使两个空间有所"对话"。尤其是小户型，想要在视觉及感受上让房间变大，应更发挥布艺的优势。另外，布帘的成本低，透气性好，可以给空间增添柔和、温馨气息，但缺点是不隔声。

▷ 拼接布帘：不同材质和纹样的布艺，加之毛绒装饰，具有层次感，装饰感强。

拼接布帘

布帘

三、不同户型的隔断设计要点

1. 小户型隔断

　　对于小户型来说，隔断所选用的材质一般为通透性强的玻璃或玻璃砖。若选用以薄纱、木板、竹窗等材质做成的屏风作隔断设计，不仅能增强视觉的延伸性，还能给居室营造一种古朴典雅的氛围。

△ 铁艺隔断具备很强的装饰性，用于小空间分隔，通透感强，但隐私感略差。

△ 用容易移动的隔断屏风来分隔空间，拉开时可以遮挡部分阳光，合起来又能享受阳光的沐浴，灵活性非常强。

△ 黑色金属搭配透明玻璃的隔断设计在客厅与玄关中间，既分隔了区域又不会影响光线，且增强了灵动感和通透感。

TIPS ▶ **小户型空间不宜选择完全式隔断**

　　由于小户型受面积的限制，完全的空间隔断必然会使空间更显局促，而完全不隔，又难以很好地划分区域功能。因此，最好选择半隔断或通透性隔断。

2. 中户型隔断

　　隔断设计宜选用尺寸不大、材质柔软或通透性较好、有间隙、可移动的类型，如帷帘、家具、屏风等。这种隔断方式对空间限定度低，使空间界面模糊，能在空间的划分上做到隔而不断，使空间保持良好的流动性，增强空间层次的丰富性。

△ 实木隔断中间加入圆形造型，不仅呼应了中式风格追求的圆满寓意，还能给人一种虚实结合的美感。

△ 用半隔断柜来分隔餐厅和客厅区域，一面作为电视背景墙，另一面则可以作为餐边柜。

△ 利用石材隔断打造电视背景墙，很好地解决了由于空间过大，没有合适区域设置电视背景墙的问题。

△ 利用实木板来定制一面装饰效果极强的隔断墙，将不同功能的空间进行了很好地划分，同时，圆拱形的加入迎合了空间中的田园风格。

TIPS ▶ 利用低矮隔断保证空间的通风与采光

　　为保证空间拥有较好的通风与采光可采用低矮隔断设计代替到顶的隔断设计，这样既能保证各空间区域的功能实用性，又可以避免空间的一览无余，提升了空间的私密程度。

3. 大户型隔断

　　由于大户型的面积较大，某一空间往往被具有多重功能。这时就需要对空间进行隔断设计，在设计时需要根据居住者的需求，在适宜的空间进行隔断，不同的隔断形式有不同的功效。既能将不同的功能空间区分开来，又保持着空间之间的相互交流，保持着整体空间的一致性。

△ 横向格栅式木质隔断不会影响空间的采光，通透、明亮又不乏个性。

△ 客厅使用金属镂空隔断分隔空间，以材质来彰显现代感、精致感，以中间的圆形来追溯中式风格。

△ 有藏有露的隔断形式将装饰性与实用性融为一体，镂空部分摆放装饰品以增强装饰性，柜体部分则可以用于收纳物品。

四、功能空间隔断设计

1. 客厅隔断

　　客厅隔断是限定空间同时又不完全割裂空间的手段，自由度很大。常见的客厅隔断方法为采用帘幕隔断，如将一个珠帘或者纱帘安装在沙发后面，这样既能做到隔断，又不会对通风和采光造成影响。这种隔断既简单、价格便宜，又极富时尚感。

△ 沙发背景墙利用线形隔断来做分隔，延展了空间高度，同时不会影响采光，而餐厅区的木质隔断中的中式纹样则凸显出中式风格。

△ 利用木质隔断加布帘的形式来进行客厅与卧室之间的分隔，拉开布帘时，阳光进入整个室内空间；合上布帘时，则划分出一个独立的休憩空间。

△ 柜体隔断可以说是现代极简风格最常用的隔断手法。它既能实现空间分隔，又不会阻碍光线通过，更重要的是它还有收纳、置物的功能。

2. 餐厅隔断

餐厅隔断设计要根据空间大小来确定，小面积的餐厅可以利用客厅的电视墙面来体现餐厅的隔断效果，这样既有艺术感又很实用；大面积的餐厅则可以设计比较大型的隔断，如利用半透明的镂空式隔断，或中式风格的屏风都是很好的选择。

▷ 石材与金属框架结合而成的隔断墙，现代感较强，也有个性化特性。

△ 利用木方隔断来划分餐厅区，温润的材质能够提升用餐区域的舒适度。

△ 半隔断墙与玻璃推拉门相结合，通过门的推拉可以构成不同宽度的隔断，通透性强，灵活度高。

△ 在餐厅空间中分隔出较小的区域作为书房使用，可以使用玻璃推拉门作为隔断，既能保证空间整体感，又能起到装饰效果。

3. 卧室隔断

如果户型不理想，想要将卧室独立出来，那么就可以运用隔断设计。由于卧室是家居中最私密的空间，在不影响装修设计美观度的前提下，可以采用珠帘、窗帘、玻璃等来体现卧室的隔断设计。这样的隔断形式很明显地把卧室和其他空间分隔开来，创造出属于居住者自己的小空间，使其心情也可以得到完全放松。

△ 在卧室床头后方设置木栅式隔断，既分隔了空间，也形成了一面带有视觉变化的墙面，装点了空间。

△ 隔断分隔的是厨房与卧室，卧室需要有较高的私密性，同时厨房还需要光线，采用透明玻璃和压花玻璃的组合来设计隔断，可以同时满足这两方面的需求。

△ 利用实木定制来打造出一个既简单又能凸显风格特征的隔断，同时还具备梳妆功能，一举多得。

△ 利用镂空的隔断墙来实现卧室空间分区，满足分区需求的同时，还能充当电视墙，白色直线条的造型也与空间风格相呼应。

4. 书房隔断

书房是一个讲求安静和独立的空间，在做空间隔断设计时，也应考虑这一要素。除了半隔断墙面，也可以利用玻璃来进行隔断，这样既可以有效隔断空间，又可轻松增强空间的私密性和开放性。

△ 利用通透的钢化玻璃隔断来围合出书房区，丰富了空间功能，也不影响整体室内空间的采光。

5. 开放式厨房隔断

开放式厨房近年来受到不少人的青睐，但是中国人的烹饪方式容易使厨房里的油烟扩散到其他空间。所以，采用隔断设计对厨房和其他空间进行有效的隔断是解决这一问题的好方法。

△ 结合橱柜设计来设计玻璃与铁艺框架相结合的隔断，融合性较强，同时也不影响厨房区的采光。

△ 磨砂玻璃与实木结合的推拉门作为厨房与餐厅的分隔，其木材的温润感令空间充满了治愈气息。

△ 磨砂玻璃推拉门作为餐厅与客厅之间的隔断，透光性较强，加之黑色金属框架的运用，与整体空间的配色协调。

TIPS ▶ 厨房隔断适合采用玻璃门

一般厨房空间大多将透明的玻璃门作为隔断，其既具有通透性又能起到阻隔作用，还非常隔声，在视觉效果上也不打折扣，而烹饪时的油烟扩散问题也能因此得以解决。

---

6. 卫浴隔断

卫浴运用最多的隔断材料就是玻璃，其既防水，又能让空间看起来更通透，不会阻隔视线；而且玻璃也易于清洁，可以令空间看上去很干净。玻璃隔断在运用时要考虑其安全性能，若卫浴面积较大，应选择10mm厚的玻璃；若面积较小（不超过2m^2），则选择8mm的厚度即可。

钢化玻璃拉门 　　　　　　　　　　钢化玻璃推门

钢化玻璃隔断

TIPS ▶ **狭小卫浴的隔断设计应注重私密性**

在狭小的卫浴空间里，坐便器和洗脸台已占据了一部分面积，只有角落可以利用起来设计成淋浴区。在做隔断时，若更注重私密性，可以把透明玻璃换成磨砂玻璃，以免去心理上的尴尬。

7. 玄关隔断

　　玄关有硬玄关和软玄关之分。软玄关是指在材质等平面基础上进行区域处理的方法，可以分别在顶面、墙面、地面等位置通过差异化的布置来界定玄关的位置。另外，鞋柜的摆放具有玄关隔断的功能，也属于软玄关的一种形式。

△ 玄关处采用对称的形式设计了一组玻璃隔断，使空间整体显得更为规整的同时，也增添了一些现代气息。

硬玄关又分为全隔断玄关和半隔断玄关。全隔断玄关指玄关设计由地至顶，这种玄关是为了阻拦视线而设计的，需要考虑采光和避免因空间狭窄而产生的压迫感。半隔断玄关指玄关可能是在x轴或者y轴方向上采取一半或近一半的设计，这种设计有利于避免全隔断玄关产生的压迫感。

TIPS ▶ 与客厅相连的玄关，可利用隔断来丰富空间层次

如果玄关与客厅相连，没有隔断就会使客厅一览无余。设计玄关隔断，空间就有了层次感。由于玄关隔断的功能与装饰的需要，隔断通常并不是只用一种材料，而常常是两种或多种材料结合使用，以达到理想效果。

▷ 悬空式玄关柜具有强烈的个性，既不影响室内的采光，同时还具有收纳功能。

△ 隔断中使用玻璃，使光线可以通过隔断照射到玄关，增强了居室的通透感。

五、常见装饰风格隔断设计手法

1. 客厅隔断

配色

以白色、浅色调色彩居多。

材料

狭小的空间，适合选用钢化玻璃这种具有透明属性的材质。

造型

镂空式隔断、格栅式隔断以及半墙式柜体隔断均是不错的选择。并常以简洁、利落的直线条为主，几何造型也比较常见。

配色：黑色
材料：实木混油
造型：木框架隔断，利落的直线条

> **TIPS** ▶ **现代极简装饰风格空间中的隔断应尽量避免烦琐**
>
> 　　现代极简装饰风格中的隔断是对场所精神的塑造与净化，而不是纯粹的硬性隔断。由于现代极简主义追求少就是多，在具体空间隔断上应尽量避免烦琐。

配色：玫瑰金
材料：不锈钢
造型：格栅式隔断，直线条

配色：黑色 + 木色
材料：实木方、板材
造型：格栅式隔断，简洁、利落的直线条

配色：白色
材料：铝合金边框、印刷玻璃
造型：框架式隔断，正方形

配色：白色
材料：实木方混油
造型：镂空式隔断，直线条、几何形状

配色：灰色
材料：人造大理石
造型：到顶式隔断，直线条

2. 中式装饰风格

配色
常见的是不同色调的木色，也会出现黑色。

材料
主要是运用木质结构的屏风、隔扇等木质形式来划分整体空间功能，也会出现运用人造合成材料、石材、玻璃、金属等现代材质的隔断形式，并将传统元素融入其中。

造型
常采用传统的木质镂空隔断、博古架、雕屏等形式，再将其造型结构进行分解，打破原有结构的构成方式，挑选出最具有典型性、代表性的元素，进行重新搭配和拼贴，并且进行形式处理，得到能够融入整体空间的全新形态。并常见中式传统图案，如风车纹、步步锦等，可以将这些图案组合在一起，并通过材质、色彩上的变化，使中式风格的隔断既具有时代感，又能散发出传统气息。

配色：木色
材料：实木
造型：直线条与中式纹样结合的格栅造型

配色：木色
材料：实木格栅
造型：采用变形重组的回纹作为隔断造型

配色：深木色
材料：实木、金属
造型：实木框架 + 带有禅意韵味的圆形装饰

配色：白色
材料：实木方混油
造型：镂空式隔断，直线条、几何形状

配色：深木色
材料：实木刷木器漆
造型：格栅式隔断，镂空的直线条、圆形造型

3. 西方装饰风格

配色	一般常用金属色。
材料	木材隔断丰富的造型可以为居室带来百变"容颜"，其温润的质感还可以令居室氛围呈现出温馨、雅致的格调。另外，极具现代特征的镜面玻璃以及金属等也可以作为欧式风格中隔断的材料，这些材料所具有的光泽，使空间的精致感大幅提升。
造型	造型设计上没有过多限制，"顶天立地"的直线式隔断最常出现。有时也会将镂空式隔断柜与封闭式隔断柜相结合进行设计，有藏有露的形式可以展现出更加多元化的室内风貌。另外，承袭欧式传统设计中的柱式也可以作为室内隔断出现，用以凸显风格特征。

配色：透明色玻璃 + 金色
材料：钢化玻璃 + 金属
造型：到顶式隔断，简洁利落的直线条

配色：金色
材料：金属
造型：镂空式隔断，重组、变形的直线条

配色：金属色
材料：镀金金属
造型：格栅式隔断，简洁利落的直线条

第五章　飘　窗

　　飘窗是室内向室外凸起的宽敞的窗台，高度比一般的窗户低，这样的设计既有利于进行大面积的玻璃采光，又保留了宽敞的窗台，使得室内空间在视觉上得以延伸。飘窗不仅可以增强户型的采光和通风等功能，也给房屋建筑的外立面增添了建筑魅力。合理地利用飘窗能为居室带来意想不到的效果，在视觉上还能增加室内空间面积。

一、飘窗常见分类

1. 飘窗装饰区

功能空间较为丰富的环境中，飘窗可以作为装饰台面来营造空间环境，放置一些有情调的饰品，如盆栽、烛台、摆台、装饰画等，这样的设计能够展现室内多元化的功能。

△ 在飘窗上摆放上绿植，可以为居室增添生机，同时也是空间中非常好的装饰。

△ 在飘窗上摆放上绿植，搭配的藤编花盆，与地毯的材质形成呼应，使整个空间的自然气息浓郁。

△利用鲜插花、相框、装饰品等物来装点飘窗，其配色与卧室中的软装配色相吻合，形成统一而精致的空间。

2. 飘窗休闲区

将飘窗设计为休闲区最简单的方法就是在飘窗的台面上定制海绵垫，再随意摆放几个抱枕，使飘窗成为一个温馨的角落。

> **TIPS** ▶ **卡座可以为飘窗休闲区增添更多的功能性**
>
> 飘窗休闲区还可以发挥更多的功能，例如，将其变成一个舒适的卡座，既充分利用了空间，又很好地发挥了空间功能。

△ 在飘窗上随意放置一个抱枕，闲暇时在此阅读、小憩，都是很好的选择。

△ 将公共区域的飘窗设计成卡座样式，既可以增添座位，又不占用过多空间。除了在飘窗卡座下方增加收纳抽屉，还可以在旁边增加收纳空间。

△ 在飘窗处做一个内嵌书架，可以省出大量的卧室面积，满足收纳需求。同时将飘窗设计成座位样式，可以满足阅读、休憩需求。

△ 铺上舒适的软垫，摆上抱枕和茶盘，适合休闲时间在此放松身心。

3.飘窗阅读区

飘窗环境决定了它可以成为一处舒适的阅读区，想实现这一功能，背靠风景阅读，只需沿着飘窗设计矮榻，根据户型结构，在飘窗的两侧或矮榻下方打制书柜、装上阅读灯即可。

> **TIPS** ▶ **较高的飘窗可将其改造成书桌**
>
> 较高的飘窗还可将其改造成书桌，如根据飘窗墙体环境定制直线形或拐角形整体书桌等，但须考虑双腿放置的空间。一般情况下，书桌台面深度要超过飘窗至少25cm，桌面距地面高度建议在75cm左右。

△ 储物与书写相结合的飘窗定制设计，集阅读、工作、休闲等多种功能于一体。

△ 飘窗与书桌结合，既可以带来不错的采光，又能节约空间，对于空间较小的儿童房而言，这是个不错的选择。

△ 由于飘窗位置的采光较好，因此可以将飘窗抬高，下部做悬空设计，使飘窗成为一张书桌，一旁设计整体书柜，将桌面飘窗嵌入，这样在视觉上空间更加完整。

△ 将飘窗延长改成书桌样式，不仅能提供充足的储物空间，还能满足书写、化妆等功能，更好地增强了空间实用性。

4. 飘窗接待区

如果飘窗属于大型转角式，可以先按窗台尺寸定做一个布艺坐垫，并用相同色系的方枕沿窗台弧形排列作为靠背，最后在中间摆上一张小茶几，做成一个小茶室，可在此接待客人。若飘窗面积有限，也可以在飘窗上铺上软垫，再摆放小型茶几即可。

△ 客厅空间较小，因此将飘窗改低，铺上软垫后作为沙发使用，这样不仅可以节省空间，而且较矮的沙发也可以使空间看上去更宽敞。

△ 根据飘窗空间定制座椅，解决客厅座位不够的问题的同时，又能节省空间。

△ 利用飘窗原有的形状设计转角卡座，再摆放上色彩鲜艳、花纹丰富的抱枕，打造出一个非常吸睛的休闲区域。

△ 客厅中窗的面积非常大，利用窗下方的空间及侧墙定制一体式飘窗柜及书柜，不仅避免了空间的浪费，而且木纹材料的使用，让空间更具自然气息。

5. 飘窗睡眠区

若卧室面积有限，则可以利用飘窗将其变成榻榻米，具体做法为：与飘窗平齐做地台，使其变成可以储物的榻榻米，这样设计后，整个空间的利用率大幅提升。另外，一些阳台飘窗也可以采用这样的设计手法。

△ 结合飘窗定制榻榻米，高低错落的形式在视觉上具有层次感，同时也可以利用飘窗台面摆放一些随拿随用的小物件。

△ 将飘窗与榻榻米拉平设计，大大提升了空间的利用率，对于小空间来说，非常适用。

△ 将飘窗单独辟出来，作为儿童房中的睡眠区，同时搭配欧式圆拱形及立柱装饰，大大提升了空间的美感。

△ 将飘窗与榻榻米结合设计，同时延展出书写区域，使整个卧室的功能非常实用且丰富。

6. 飘窗收纳区

如果飘窗离地较远，可以把空间架空变为储物柜。只要留足支撑飘窗台面的混凝土部分，余下的空间做成一到两个大抽屉即可。如果飘窗离地较近，则可以做成小型收纳柜，放上坐垫还能作为沙发使用。

△ 利用窗下墙之间的空隙定制飘窗柜，既可储物又可作为休闲空间。

△ 在飘窗两侧墙面定制装饰柜，同时，在飘窗的下部定制柜体，能够极大地缓解空间收纳压力。柜体下部悬空，方便日后打扫清洁，视觉上也能减少厚重感。

△ 小面积空间中，在窗下定制一组飘窗柜，既可储物又可坐卧，满足多重需求，且能充分节省空间。

二、飘窗设计要点

1. 飘窗设计要注重安全性

　　飘窗设计的第一要素就是安全。家中有小孩的家庭，最好选择设计平凹式内飘窗来，因为这种飘窗一般都会有一面玻璃、两面墙，安全性较高。另外，一定不能私自把飘窗的护栏拆除。

凹式内飘窗 + 欧式圆拱造型

△ 为了避免窗户下的暖气影响空间整体观感，利用实木板材制作成一个飘窗台，这样既能起到隐藏暖气的作用，也能坐在上面阅读、休闲；同时凹式内飘窗的安全性也较高。

凹式内飘窗 + 收纳柜体设计

2. 飘窗材质应耐晒

通常情况下，飘窗的采光比较充足，因此做台面时要选择耐晒的材质，否则容易出现变色、变形的现象。也可以在飘窗上安装漂亮的窗帘，这样既可以遮挡刺眼的阳光，也能起到装饰作用。

> **TIPS** ▶ **飘窗的材质不能因受潮而变形**
>
> 冬天室内外温差较大，飘窗位置会有冷凝水出现，所以飘窗材质不能因受潮而变形。比较适合的台面材质为大理石等石材或桑拿板，其既防水、防晒，又好打理。

爵士白人造大理石　板材框架

△ 爵士白人造大理石 + 板材框架：石材台面坚固、耐晒，且方便打理。

强化复合地板

△ 强化复合地板：使用与地面相同的木质材料把飘窗加宽，这样可以增加空间层次感，也能让空间拥有更多使用功能。

三、常见装饰风格飘窗设计手法

1. 现代装饰风格

配色	
材料	色彩一般和室内配色形成呼应。
	台面用材大多为各种石材，如人造石、大理石等，有时也会选择木材，但木材的持久性不如石材。
造型	需要结合窗部分的建筑形态进行设计，限制较大，所以大多数情况下为规矩的长条形，但有时也会出现不规则形状。

配色：以白色为主色
材料：板材混油处理
造型：将飘窗和收纳柜、书桌的定制形态相结合

配色：木色
材料：木工板基层混油处理
造型：简洁、利落的造型

配色：以白色为主色
材料：人造板基层、白色混油饰面
造型：将有窗的一面墙全部利用起来，定制为飘窗、书柜及储物柜

配色：以黑色为主色
材料：黑金花大理石＋板材混油
造型：用简洁利落的直线条定制书桌

配色：石材自身色彩
材料：爵士白大理石
造型：简洁利落的平面造型

配色：木色
材料：木工板基层混油处理
造型：方格型开放式书柜

TIPS ▶ **现代装饰风格的飘窗坐垫以纯色为主**

　　由于现代装饰风格的飘窗材质一般为冰冷的石材或木材，所以常会搭配坐垫。为了彰显风格特征，一般搭配的坐垫为纯色，几乎不会出现带花纹的款式。

2. 禅意装饰风格

配色	禅意装饰风格的飘窗设计应注重软装的色彩搭配，用灰色、白色、米色等中性色系来点缀或过渡到其他色彩，能很好地体现禅意飘窗的自然舒适性。
材料	一般以木材或米色系的石材做飘窗台面，其既结实耐用，也能较好地体现飘窗的禅意风格。
造型	由于飘窗本身的特点，其造型往往遵循简洁的原则。

配色：深木色
材料：深色实木柜面、大理石台面
造型：下部空间增加了实木储物柜的形式

TIPS ▶ **禅意装饰风格的飘窗坐垫一般带有中式花纹**

禅意装饰风格的飘窗坐垫可以选择一些带有中式元素的款式，以充分彰显出风格特征。若选择纯色，深棕色比较适合。

配色：以白色为主色
材料：大理石台面、压花壁纸
造型：横平竖直的线条型设计

配色：以灰色为主色
材料：爵士白大理石 + 压花纹路壁纸
造型：横平竖直的线条型设计

配色：白色 + 灰色
材料：板材混油 + 软垫
造型：横平竖直的线条型设计

配色：白色 + 灰色
材料：板材混油 + 软垫
造型：横平竖直的线条型设计

配色：白色 + 米色
材料：板材混油 + 软垫
造型：将飘窗和装饰台面的定制形态相结合

配色：白色 + 灰色
材料：板材混油 + 软垫
造型：将飘窗和收纳柜的定制形态相结合

3. 西方装饰风格

配色

飘窗本身的色彩可参照欧式风格的室内色彩，除了白色，可以凸显精致感的青绿色、湖蓝色等也比较常见。其柜体、抽屉等把手可以暗藏精致细节，如选择金色把手。

材料

依然以各种木材为主，并可以结合白色石膏线来进行装饰。

造型

横平竖直的线条。若表面有壁纸装饰，则花纹以欧式图案为主。

配色：以米色为主色
材料：欧式花纹壁纸 + 软垫
造型：平直的线条

配色：以灰蓝色为主色
材料：乳胶漆 + 软垫
造型：横平竖直的线条型设计

配色：白色 + 青绿色 + 金色
材料：科定板、石膏线
造型：对于不规则的墙面，可以利用三角飘窗将不舒适感变为设计感

配色：以白色为主色 + 棕黄色
材料：木工板基层刷白色混油漆
造型：窗户与一侧的墙体有个凹位，与凸出的墙体平齐装一个飘窗收纳柜

配色：白色 + 灰色
材料：木工板混油 + 软垫
造型：长方形的柜面装点

配色：以白色为主色
材料：木工板混油处理
造型：几何形态的装饰线

TIPS ▶ **西方装饰风格的飘窗坐垫花纹应与窗帘相搭配**

　　西方装饰风格的飘窗坐垫花纹的选择比较广泛，纯色、带有欧式花纹的图案、几何图案均可，但与窗帘搭配最好可以凸显出浓郁的西方韵味，如罗马帘等。

4. 自然装饰风格

配色

常用干净的白色，体现自然感的绿色也非常适用。

材料

可以考虑用桑拿板或防水地板把窗台到地面全部包上，使窗台、窗套和地面的整体风格保持一致。

造型

若飘窗带有收纳功能，其抽屉的设计可以考虑做一些压纹处理。

配色：白色 + 灰绿色
材料：模压板、软垫
造型：在飘窗的下部定制柜体并雕刻装饰线

配色：以白色为主色 + 红色、绿色点缀
材料：板材混油处理 + 软垫
造型：带白收纳柜的直线条造型

配色：白色 + 多彩色
材料：模压板 + 软垫
造型：简洁利落的线条

第六章 楼 梯

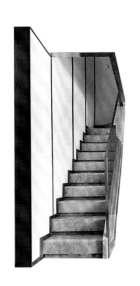

　　楼梯是建筑物中作为楼层间垂直交通用的构件，供人们上下楼层和紧急疏散之用。它除了步行功能，往往还具有展示、储存、娱乐等新功能。楼梯设计追求形态上的美感，这种特质使原本并不引人注目的角落空间也充满了精致感。同时，楼梯设计还应坚固耐久、安全、防火，并要有足够的通行宽度和疏散能力。

一、楼梯常见分类

1. 折线梯

一般楼梯中会出现一个90°左右的弯折点，弯折点大多出现在楼梯进口处，也有一部分在楼梯出口处。如果没有弯折点则称为直线梯，也就是直线倾斜向上式楼梯，这种形式的楼梯比较常见，是传统的楼梯形式。设计时需要一定的空间，但便于老人、儿童活动。

△ 木踏步带来舒适的脚感，黑色金属与玻璃相结合的扶手具有浓郁的现代感，整个折线梯设计既实用，又具有装饰性。

△ 白色镂空形态的铁艺折线楼梯，给人一种轻盈感，且不占用过多的空间。

△ 古铜色折线梯与部分墙面融为一体，整个空间既有艺术气息，又显得不突兀。

△ 折线梯的木踏步材质与空间地面材质相同，扶手色彩则与空间主色统一，整个楼梯区域与整体空间融合性极强。

2. 弧形梯

以曲线来实现上下楼的连接，形式美观、大方，行走起来没有直梯拐角的生硬感，是行走起来最舒服的一种楼梯。由于是弧形，可以选择大胆、张扬的造型。在色彩上，既可以选择与室内色彩一致的近似色，也可以摒弃常规思路，选择对比色调。但其缺点是结构复杂，施工难度较大，成本高。

△ 弧形梯的造型感极强，为空间注入了艺术气息，显得格调十足。

TIPS ▶ **弧形梯应严格遵循设计原则**

弧形楼梯的圆弧曲率半径较大，其扇形踏步的内侧宽度也较大，使坡度不致过陡。一般规定这类楼梯的扇形踏步上、下级所形成的平面角不超过10°，且每级离内扶手0.25m处的踏步宽度超过0.22m时，可用作疏散楼梯。

3. 螺旋梯

　　180°的螺旋形楼梯是一种能真正节省空间的楼梯建造方式，其特点为造型可以根据旋转角度的不同而变化。盘旋而上的表现力极强，占用空间小。但这种楼梯由于每一段跨度较大，因此安全性较差。有老人和学龄前儿童的家庭，应慎重使用。

△ 在螺旋梯的踏步和扶手处安装暗藏灯带，与透明的钢化玻璃交相辉映，现代感和装饰感渲染出的情调均令人眼前一亮。

△ 金属扶手的螺旋梯盘旋而上，流畅的线条打破了空间原有的刻板印象。

△ 木踏步与扶手均呈镂空形态的螺旋梯在视觉上给人以通透感，即使小户型的空间也不显压抑。

△ 造型极具艺术气息的螺旋梯本身就是一件很好的装饰品，为原本硬朗的空间带来视觉上的变化。

二、楼梯常用材质

1. 木质楼梯

　　木质楼梯是市场占有率最大的一种。木材本身具有温暖感，加之与地板材质和色彩容易搭配，施工相对也比较方便。楼梯可以配120厘米长、15厘米宽的木踏步，这样一格楼梯只用两块普通地板即可，可少一道接缝，也容易施工和保养。

> **TIPS** ▶ **木质楼梯的选用应考虑居室物理环境**
>
> 　　木质楼梯给人以温暖踏实的感觉，是室内楼梯的首选。但它对环境要求很高，特别潮湿或干燥的地方都不适用。在这种条件下，楼梯会变形、开裂，影响安全性。因此，在安装的时候应注意预留一定的膨胀空间。

木质踏步

△ 木质踏步：楼梯位于室内边角处，所以选择了弱化处理，以实木板为主材，搭配白色混油器饰面，与墙面完美融为一体，去掉踏步竖板的定制设计方式，增加了通透感。

木质踏步

△ 木质踏步：传统的木质楼梯所特有的温润质感，与墙面板材的融合度非常高，令空间散发出一丝悠然、治愈的气息。

2. 钢质楼梯

钢质楼梯一般在材料的表面喷涂亚光颜料，避免出现闪闪发光的刺眼感觉。由于这类楼梯的材料和加工费均较高，为了降低成本，有些钢质楼梯也会选择钢丝、麻绳等材质作为楼梯护栏。

封闭式钢质踏步　　　　直线条钢质扶手

△ 封闭式钢质踏步 + 直线条钢质扶手：线条硬朗的黑色钢质楼梯现代感极强，十分适合都市极简风格的居室。

简洁线形钢质扶手　　　　镂空式钢质踏步

△ 简洁线形钢质扶手 + 镂空式钢质踏步：踏步选择带有镂空纹样的钢质楼梯有一种透气感，不会令空间显得过分压抑。

封闭式钢质踏步　镂空式钢质扶手

△ 封闭式钢质踏步 + 镂空式钢质扶手：钢质楼梯的踏步区域为封闭式，扶手则采用方格镂空形态，虚实搭配，使空间极具韵味。

钢质踏步　　　　　　　钢线

△ 钢质踏步 + 钢线：钢质楼梯的扶手采用线形装饰，形成了丰富的视觉层次，令整个空间都彰显出一种非凡之象。

3. 玻璃楼梯

　　玻璃楼梯能营造出较强的现代感，比较适用于年轻人的居住空间。无论用作踏步还是扶手的玻璃，厚度都应在10mm以上。玻璃可以采用磨砂的款式，相对于透明玻璃来说，磨砂款式可以在心理上营造出一种安全感。

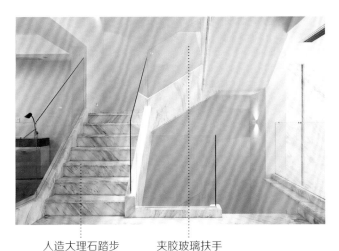

人造大理石踏步　　　夹胶玻璃扶手

△ 人造大理石踏步 + 夹胶玻璃扶手：玻璃栏杆晶莹剔透，搭配大理石楼梯段，营造出简洁平静的环境氛围。折梯的造型使空间中多了几何线条的修饰，看上去不会有呆板的感觉。

钢化玻璃踏步　　　钢化玻璃扶手

△ 钢化玻璃踏步 + 钢化玻璃扶手：踏步和扶手均为钢化玻璃，晶莹剔透地视觉观感具有放大空间的效果，十分适用于小户型的空间。

磨砂玻璃扶手　　金属装饰线　　爵士白大理石踏步

△ 磨砂玻璃扶手 + 金属装饰线 + 爵士白大理石踏步：大理石踏步耐磨耐用，且容易打扫；搭配磨砂玻璃扶手，为空间增添了现代韵味，金属装饰线的点缀，提升了空间的精致度。

人造石踏步　　　钢化玻璃扶手

△ 人造石踏步 + 钢化玻璃扶手：人造石踏步给人一种安全感，钢化玻璃扶手则为空间增添了通透感。

4. 大理石楼梯

　　大理石楼梯更适合室内地面铺设大理石的家庭，以保证室内色彩和材料的统一性。用大理石作踏步的楼梯，可以在扶手的选择上保留木质，增加一点暖质材料，以便降低空间的冷硬感。

大理石踏步　　茶色玻璃　木质扶手

△ 大理石踏步 + 茶色玻璃 + 木质扶手：楼梯间大理石的灰度沉着而富有高级感，简约的设计下是对材料的高要求。踏步下的暗藏灯带为封闭式楼梯增添光源，视觉上也更有立体感。

钢化玻璃扶手　　　　　　　　　　大理石踏步

△ 钢化玻璃扶手 + 大理石踏步：大理石踏步暗藏灯带为空间带来艺术气息，钢化玻璃扶手则明净、通透。

大理石踏步　金属装饰线　　钢化玻璃扶手

△ 大理石踏步 + 金属装饰线 + 钢化玻璃扶手：在大理石踏步的接缝处用金属装饰线来装点，在细节处体现精致感。

钢化玻璃扶手　　　爵士白大理石踏步

△ 钢化玻璃扶手 + 爵士白大理石踏步：拾级而上的悬空大理石踏步硬朗又具有透气性，搭配似有若无的钢化玻璃扶手，营造出现代感极强的空间氛围。

5. 铁质楼梯

铁质楼梯实际上是一种用木质材料和铁艺材料共同设计的复合楼梯。有的楼梯扶手和护栏是铁艺材料，而楼梯板仍为木质材料；也有的楼梯护栏为铁艺材料，扶手和楼梯板为木质材料。比起纯木楼梯，铁质楼梯多了一份活泼情趣。

白色铁艺踏步及扶手

△ 白色铁艺踏步及扶手：白色直梯仅用最少、最简单的线条便能为空间带来简约的装饰效果。金属材质使空间又多了一点现代感。

木饰面踏步　铁艺栏杆扶手

△ 木饰面踏步 + 铁艺栏杆扶手：楼梯只一边使用钢材固定，显得更轻快灵活。厚重的实木踏步与轻盈的线型栏杆形成一动一静的对比效果，无形中也更彰显出简约而不简单的美感。

木饰面踏步　黑色铁艺扶手

△ 木饰面踏步 + 黑色铁艺扶手：木饰面踏步带来温润的视觉观感，黑色铁艺扶手则带来硬朗感，为空间增添了现代气息。

部分刷金色油漆装饰　黑色铁艺扶手　木饰面踏步

△ 部分刷金色油漆装饰 + 黑色铁艺扶手 + 木饰面踏步：简单的直线条扶手和护栏，具有干净利落的几何美感。下方使用竖条纹板材修饰，以金色油漆点缀，具有简洁的立体美感。

三、楼梯设计要点

1. 楼梯设计要体现环保性与安全性

如同所有家具一样，楼梯也可能挥发出有害化学物质，因此在选择材料时，要选择环保材料。而楼梯的安全性首先体现在其承重能力上；其次，楼梯的所有部件应光滑、圆润，没有突出的、尖锐的部分，以免对家人造成伤害。

△ 楼梯的踏步采用木质材料，不仅脚感舒适，造价也相对合理，非常适合大部分家庭选用。

TIPS ▶ **楼梯设计应避免的三大误区**

（1）误区一：客厅变成玄关。

楼梯设计在进门处或大厅中央，把整个底层隔断得支离破碎，使蜗居一隅的客厅成了"玄关"，如同专为陌生客留步、稍候而设的"大堂会客区"。

（2）误区二：楼梯直指卧室区。

面对楼梯，谁都会不由自主地拾级而上。所以，切忌进门处的楼梯直接指向卧室区的走廊，以免将人们的目光引向私密空间。

（3）误区三：过于陡峭。

有些人出于节省空间的考虑，将楼梯的台阶高度设计为20厘米以上，这不仅使楼梯陡峭，也会使楼梯下方的空间难以被利用。

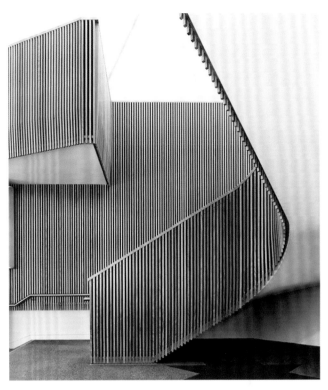

△ 楼梯扶手中所用欧式元素为空间增添了精美质感，其材质的选择也安全、耐用。

△ 实木线条拼接而成的楼梯在视觉上形成规整感，使空间看起来整洁而利落，其温和的质感则让空间散发出治愈气息。

△ 整个楼梯的设计简洁、规整，符合家庭中各类人员的使用要求。

2. 楼梯设计的参数标准

（1）楼梯吊顶的高度（楼梯的前端到天花板的距离）一般以2m左右为宜，最低不可少于1.8m，否则将产生压迫感。

（2）楼梯两根栏杆的中心距离不要大于12.5cm，不然小孩的头容易伸出去。

（3）楼梯扶手的合理高度为到人体腰部的位置，一般为80~110cm。

（4）楼梯的扶手直径以5.5cm为宜，因为人的虎口一般为5.5cm，扶起来会非常舒服。

（5）楼梯的理想阶高应为15~21cm，阶面深度为21~27cm，这是上下楼梯时最为轻松舒适的幅度。

△ 楼梯的设计数据合理性较强，使用起来十分舒适。

四、室内空间楼梯设计

1. 楼梯空间应充分利用

　　居室中的楼梯在安装之后，往往会在下面出现一个空荡的空间，如果不做设计，就会让人产生空间比例失调的感觉。楼梯下的空间一般被设计成储物区，可以大幅提升空间的储物能力。

> **TIPS ▶ 提升楼梯空间利用率的方法**
>
> 　　楼梯空间还可以布置成一个休闲区，这样既实用，又增强了空间的美感。此外，也可以利用楼梯下的墙面打造一面电视墙面，与客厅功能恰到好处地融合。如果楼梯是直上直下式，还可以将这个下部的三角形空间设计成入墙书柜。

△ 楼梯的整体设计均采用直线条和大块面，造型简洁，色彩突出，是点睛之笔。

△ 设计师将楼梯与收纳柜组合设计，外观在简洁中带有趣味性，同时具有很强的实用性，使居室富有个性并且充满了艺术感。

2. 小空间的楼梯设计

如果居室的空间不大，可以考虑L形或螺旋式楼梯，并且在材料和样式上都应该以视觉轻、透，现代感强的为宜。楼梯踏步最好不做封闭处理。这样的设计可以使空间有视觉上的开阔感，于无形中放大了空间的面积。

△ 小空间的楼梯设计形态以规则的线型为主，不会过多地浪费空间。

△ 因为居室整体面积很局促，所以定制楼梯时缩窄了宽度，但因为其位置较为突出，所以楼梯踏步选用带有弧线的木板，其流畅的线条降低了空间的冷硬感。

△ 小空间中，楼梯踏步的设计可考虑镂空式，在视觉上为空间带来透气感。

3. 家中有老人和小孩儿的楼梯设计

　　一般情况下，有老人和小孩儿的家庭，最好避免采用钢质和铁艺楼梯，楼梯台阶也不要做得太高，楼梯扶手最好做成圆弧形，不要有太尖锐的棱角。楼梯踏步可选用木地板或在踏步上铺地毯。

▷ 封闭式楼梯的设计安全性能更高，比较适用于有老人和小孩儿的家庭；同时，踏步的长度较长，使用起来不显逼仄。

▷ 木质楼梯十分适用于家有老人和小孩儿的家庭，其温润的质感不会带来冰冷的感觉。

五、常见装饰风格楼梯设计手法

1. 现代装饰风格

配色	
材料	应与整体室内空间搭配一致。
	木质、钢质、玻璃等均适用。
造型	直线型楼梯的几何线条明显，给人硬朗的感觉，占地面积小，同时简洁、流畅，是现代装饰风格中的最佳选择。此外，折梯也较为常见。

配色：以白色为主色 + 黑色点缀
材料：构造板白色混油饰面、透明钢化玻璃、铁艺扶手
造型：简洁、大气的直线条

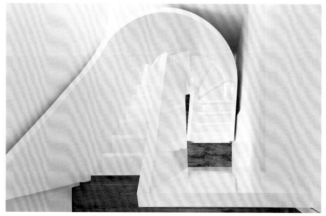

配色：白色 + 木色
材料：木饰面踏步、不锈钢扶手
造型：利落的直梯设计将空间的简约大气更好地传递出来

配色：以白色为主色
材料：木板混用
造型：弧线与直线条的结合

TIPS ▶ **整洁度是现代装饰风格楼梯追求的设计要点**

　　由于现代装饰风格追求空间的整洁度，因此可以利用楼梯的下部空间设计一些储物柜，满足存放物品的需求。另外，在保证安全的情况下，应尽量选择带有扶手的款式。

配色：以灰色为主色 + 黑色
材料：水泥板、铁艺扶手
造型：下方带有储物功能的楼梯具有多种使用功能

配色：以木色为主色
材料：木踏步、清玻璃
造型：简洁、利落的直线条

配色：以白色为主色 + 金属色装点
材料：金色不锈钢、清玻璃
造型：折梯干净利落的线条造型，具有不可忽视的装饰美感

配色：以粉灰色为主色
材料：实木复合板、粉灰色乳胶漆
造型：利落的块面造型

2. 禅意装饰风格

配色

常用木色，若选择石材踏步，则体现出石材本身的色彩。

材料

常选用木质，因为空间中会较多地运用到木材，可以跟整体风格相呼应。除了木质楼梯，在材质的选择上呈现出多元化的特征。例如，运用钢化玻璃扶手和石材踏步的组合，形成蜿蜒的楼梯形态。

造型

可以融入现代元素和线条，一些造型简洁的直梯和 L 形梯十分常见。

配色：以灰色为主色
材料：大理石踏步、清玻璃
造型：利落的线框造型

配色：灰色 + 黑色 + 木色
材料：石材踏步、木质 + 钢化玻璃扶手
造型：简单大方的直线型 + 带有弧度的线条

配色：以灰色为主色
材料：大理石踏步、金属扶手
造型：简单大方的直线型

配色：木色 + 灰色
材料：大理石踏步、木质扶手
造型：扶手的造型中增加了简化形态的中式纹样

配色：以白色为主色 + 黑色点缀
材料：实木踏步、实木扶手、清玻璃
造型：简洁、利落的直线条

配色：以白色为主色 + 木色
材料：大理石踏步、磨砂玻璃、木质扶手
造型：简洁、利落的直线条

配色：以金属色为主色
材料：大理石踏步、金属扶手
造型：弧线形与直线条的组合

3. 西方装饰风格

配色	实木材质的楼梯以香槟色和白色为主，护栏多为立柱造型的手工木雕，木踏步常涂刷光亮照人的漆面。
材料	楼梯踏步常见大理石和实木材质，栏杆则常用木材和铁艺。
造型	擅于塑造随性的视觉感，曲线感丰富的造型十分契合西方装饰风格的美学特点。其中，弧形楼梯极具动感，与西方风格追求流动性的视觉美感相契合。其栏杆一般选用带有雕花的铁艺或木材，以提升空间的品质。

配色：白色 + 深棕色
材料：木饰面刷木器漆
造型：实木折梯、立柱造型的手工木雕护栏，在无形中提升了空间的品质

配色：白色 + 灰色 + 金色
材料：大理石踏步、木质 + 装饰扶手
造型：精美的西式装饰造型

配色：以白色为主色 + 黑色点缀
材料：石膏线、实木踏步刷黑色木器漆
造型：立柱式护栏

配色：以灰色为主色 + 金色点缀
材料：浅灰色大理石、暗金色铁艺扶手
造型：直线条铁艺扶手，组合成精致，具有美感，又不失个性的空间

第七章　吧　台

吧台原是酒吧向客人提供酒水及其他服务的工作区域，现在慢慢进入了家居生活，让家更有趣味。吧台的作用有很多，如隔断、增加休闲空间、实用功能等。在居室设置吧台，必须将吧台看作完整空间的一部分，而不单是一件家具。好的设计能将吧台融入家居空间，让其更好地为生活服务。

一、吧台设计要点

1. 吧台设计要应符合人体工学尺寸

　　吧台的台面宽度一般根据吧台的功能来决定。如果吧台有用餐的功能，那么台面的宽度至少要达到40~60厘米。而利用角落打造的吧台，其操作空间则应保证不少于90厘米。

△ 吧台高度合理且下部镂空的形态可以摆放座椅，符合使用需求。

> **TIPS** ▶ **吧台设计水槽应考虑排水系统**
>
> 　　如果吧台设有水槽，应注意设计好排水系统，并且最好设计在距离管道近一点的位置。另外，水槽最好选择平底槽，其深度应保证在20厘米以上，以免水花溅出。

2. 吧台设计的方位可充分利用零散空间

吧台的位置并没有特定的规则可循，通常利用一些零散的空间。如果将吧台当作家居空间的主体，便要仔细规划空间内的动线走向。良好的动线设计具有引导性，无形中使居住空间更加舒适。

▷ 将岛台延伸，既可以作为备餐台，又可以作为餐桌、书桌。实木材质的使用降低了空间的硬度，但同时也因为材质的对比带来了视觉冲击。

△ 简洁的吧台设计不过多占据空间，白色调的运用与橱柜相吻合，干净而明亮。

△ 在空间角落处设计一个吧台，利用率很高，且和卡座相连，高低错落的形态，形成视觉落差，具有层次感。

△ 餐厅与厨房之间不用门作分隔，而是以白色吧台为隔断，其简洁小巧的造型不会影响到餐厅、厨房空间的视线与采光。

3. 灯光是营造吧台氛围的重要因素

灯光是营造吧台氛围的重要因素,不同的光源能够给人带来不同的感受,吧台一般选择暖色系灯光,如橙黄色、淡黄色、鹅黄色等。黄色系的照明设备,既能营造温馨的氛围,又不伤害眼睛,加上射灯照明,使吧台呈现出明亮的视觉效果;紫色的灯光,为吧台增添了浪漫情趣;蓝色的光源,则使吧台空间别有一番风韵。

△ 在吧台上方设计轨道灯,且配合双吊灯,多层次的光源运用营造出丰富的光环境,且照度均匀,形成舒适的用餐环境。

△ 吧台区域没有做局部重点照明,而是利用厨房整体的筒灯照明来体现光环境的营造。

△ 吧台上方三个等距排列的吊灯既具有装饰性,又为餐厅空间营造了良好的照明环境。

△ 吊灯采用的是铁艺灯罩,具有较强的聚光作用,可以形成明亮的焦点照明。

TIPS ▶ **吧台灯光适合做嵌入式设计**

吧台灯光使用嵌入式设计,这样既简约又节省空间,也可以采用可控制高度和灯光强度的吊灯,使吧台的光线可以随意改变。

二、功能空间吧台设计

1. 客厅吧台设计

在客厅中，吧台体现的效果十分不错。客厅空间设置一个吧台可以充当书桌来办公，或开展宴饮等活动。单一的吧台会显得孤立，所以要多加一些柜体来平衡整体性，相当于多设了一个休闲区域，使得吧台利用率更高，营造了客厅空间高档时尚的气氛。

△ 平直线条的实木岛台为空间奠定了简洁利落的基调。集备餐、进餐、收纳、休闲于一体的岛台，满足了空间多功能的需求，同时节省了空间。

> **TIPS ▶ 客厅吧台的设计顺序**
>
> 客厅吧台的具体设计，首先要根据家居整体风格来定位设计，所用的饰面和材质也要根据风格而定，然后通过客厅空间尺寸来确定吧台的造型以及尺寸。

△ 一字形吧台线条平直，不会占用过多空间。大理石材质不光方便清洁，其质感也能烘托出现代氛围。

2. 餐厅吧台设计

　　餐厅吧台设计可以融入酒柜，吧台与酒柜的组合使室内的休闲方式更加多样化。空间大的户型可以选择酒柜与吧台分离的形式，并利用吧台将室内的空间进行划分。较小的空间可以选择将酒柜贴墙设计，下方作为吧台，或在吧台下设置不同形式的花格作为酒柜。

△ 一字形吧台的占地面积很小，彰显了宽敞感，将其设计在开放式厨房中，同时还可发挥吧台和岛台的双重作用。

△ 角形的腿部融入吧台设计中，体现出秀美感和风格感。整体圆润的线条与实木材质不乏美式复古的细腻感。

△ 将餐厅的餐桌直接设计成吧台，可以满足不同的使用需求，与餐桌相比，吧台更具休闲气息。白色材质的定制选择，彰显出明亮感、宽敞感。

△ 将储物柜的高度增加，从而设计成一处吧台，与一旁的黑色墙面组合，形成了一个小的休闲酒吧，同时满足了实用性和装饰性需求。

3. 厨房吧台设计

厨房吧台是最能体现吧台多功能设计的形式。设计时要与厨房洁净、实用的环境相适应，造型应简洁明快，但也要有一定的装饰性。厨房吧台常设置在厨房中间或厨房边缘，考虑到厨房的油烟污染，石材台面或不锈钢台面配上高脚椅是比较常见的设计形式。

△ 厨房区域以米黄色为背景色系，让人沉浸在温馨的氛围当中。同色系的烤漆吧台，搭配深棕色高脚椅，复古优雅。

△ 厨房区域的岛台有强大的收纳与展示功能，搭配个性的灯具，让整个区域层次更加丰富。压模柜体的设计搭配考究的深灰色，更有精致感。

△ 厨房用吧台做分区，让整个空间显得更加宽敞、通透，木纹与白色组合的配色方式，使整体空间更具品质感。

TIPS ▶ **不同类型的厨房吧台可做区分**

开放式厨房增加一个长方形吧台，可以令厨房区域更加分明，同时也使厨房与其他空间隔而不断。空间较小的厨房，小型吧台能充当料理台，同时也能满足日常吃饭的需要，节省了餐桌、餐椅所占用的空间。

三、常见装饰风格吧台设计手法

1. 现代装饰风格

配色	以无色系中的白色、灰色居多。
材料	可以选择大理石、花岗岩、木质等材质，也可以加入不锈钢、钛金等材质协调构成。若岛台有使用电器的需求，则耐火的材质是最好的，像人造石、美耐板、石材等，都是理想的材质。
造型	因空间大小不同，在现代极简风格的居室中，吧台的常见造型有一字形、半圆形、方形等，有时也会将吧台和岛台进行结合设计。

配色：以白色为主色
材料：防火板、仿旧金属板
造型：几何多边形的岛台造型更具灵活性

配色：以木色为主色 + 白色点缀
材料：人造石台面、定制人造板基层木纹饰面板饰面柜体
造型：一字形吧台造型

配色：以灰色为主色
材料：水泥板
造型：线条平直的一字形吧台

配色：以木色为主色
材料：实木饰面、不锈钢台面
造型：平直线条的实木岛台

配色：以木色为主色
材料：定制实木台面及人造板材基层混油饰面柜体
造型：可折叠的台面设计

配色：以木色为主色
材料：定制复合实木板
造型：一字形吧台造型

配色：以白色为主色
材料：石膏板造型
造型：现代感极强的吧台造型

配色：以浅木色为主色
材料：木饰面、不锈钢
造型：平直的线条将空间的极简大气更好地传递了出来

2. 禅意装饰风格

配色	
	以木色为主色，也常见灰色，间或搭配金色点缀色。
材料	禅意风格中的吧台材质常选择木质、天然或人造石材。为了增强装饰效果，有时也会以金属镶边，体现出居室的品质感。
造型	传统风格的吧台设计宽大、厚重，且常为木质雕花的款式。但在新中式风格中，吧台的造型更加多样化，摒弃了过于笨重的造型，即使是简单的直线形吧台，只要搭配若干具有中式风格的吧台椅，也能够很好地突显风格特征。

配色：以灰色为主色
材料：大理石
造型：简洁、平直的线条

配色：以灰色为主色 + 黑色点缀
材料：人造大理石、钢筋支撑
造型：简洁、利落的直线条 + 几何造型

配色：以灰色为主色 + 木色点缀
材料：大理石、实木台面
造型：利落的直线条造型

配色：以灰色为主色 + 金色点缀
材料：水泥板、金属装饰线、白色饰面板
造型：简洁、利落的线框造型

配色：以黑色为主色
材料：黑胡桃木饰面
造型：利落的线框造型

配色：以灰色为主色
材料：大理石
造型：简洁、利落的线框造型

3. 西方装饰风格

配色
色彩相对多样化，可以结合室内配色和软装色彩来进行配色。

材料
最好使用耐磨材质，不适合用贴皮材质。最常用的台面材质为人造石、大理石等石材，这类材料既耐磨、耐火，又能体现风格特征。有些吧台也会用到各类木材，其中，樱桃木、桃花心木比较常用。

造型
以长条形为主，有些定制吧台也会体现圆弧形设计。另外，西方装饰风格中的吧台设计也常采用几何装饰线来体现风格特征。还有一些定制设计中，会将尖角形的腿部融入吧台中，体现出秀美感。

配色：灰色 + 白色 + 金色
材料：花岗岩、金属线条、白色防火板
造型：利落的线框造型

配色：白色 + 蓝色
材料：白色大理石、实木刷蓝色混油漆
造型：圆润的线条 + 尖角形的腿部

配色：以灰色为主色
材料：大理石、科定板
造型：圆润的线条 + 尖角形的腿部

第八章 室内门

室内门具有实用和美化的双重功能，其形式、尺寸、色彩、线形、质地等对室内空间均可产生较大影响，是室内立面设计中不可忽视的方面。在装饰性方面，需要考虑门的造型设计及纹理和色彩的搭配；在实用性方面则要考虑材料的耐久性。

一、室内门常见分类

1. 平开门

平开门是室内使用最为普遍的门。在住宅的各个空间都可以使用，平开门需要有开启的空间。有各种开门的方法，根据门框上的合页等五金件来调整门开合的角度。

△ 不加任何纹样的实木门，搭配造型同样简洁的黑色把手，整体透露出简洁利落的美感。木色与黑色的搭配，为白色空间增添了一份稳重。

△ 白色木门与墙面色彩相同，形成干净、通透的空间。

2. 推拉门

利用滑轨沟或在轨道上安装滑轮的方法进行开合。其种类有墙体内置式推拉门、外挂式推拉门、交叉式推拉门等。推拉门的优点是占用空间少，在一些空间较小，门开着会挡住通道的房间内可安装推拉门以节省空间。推拉门的整体性较强。

△ 卧室配以大面积的推拉门，引进更多的光线，金属色铁艺门框简约优雅，将气质美学体现得淋漓尽致。

△ 设计师选择了一扇没有任何造型的平板门装饰书房，与室内的颜色和造型相呼应，强化了室内风格的简洁性。

> **TIPS** ▶ **室内门的开门方向可根据使用需求进行设计**
>
> 住宅中通常使用的是向内开的单扇门。也可根据使用需要，在门上安装自由合页，使其既可以向内开，也可以向外开。

3. 折叠门

折叠门能节省使用空间，它可以单扇安装，也可以多扇结合使用。通常由窄窄的木质、金属或塑料门板组成，用合页把数扇门连接，沿着上部滑道滑动，以折叠的形式进行开关。

△ 折叠门使空间的线条充满了变化性，黑白色的对比则显得简约干练。

4. 百叶门

百叶门是由木质边框和像百叶一样的倾斜木条安装组成的门。倾斜木条间有空隙，空气能够流动，可以保持门内外通风，在正常视角下，人的视线无法穿透门，因此百叶门具有保护隐私的作用。在住宅中，百叶门一般用在衣柜等需要通风的地方，也可以把百叶部分用在平开门、推拉门等门上。

▷ 室内使用了木质镂空百叶门，实木材质温和优雅，作为空间之间的过渡，镂空的样式不影响光线的通过，保证了室内的采光。

> **TIPS** ▶ **折叠门在不同位置使用时的作用区分**
>
> 折叠门用在住宅空间中，通常作为视觉上的一种屏障；用在储藏间或壁橱中，往往具备使用便捷，具有装饰性的特点。

二、常见装饰风格室内门设计

1. 现代装饰风格

配色
多用白色、木色，也可以用彩色点缀。

材料
多选择实木门扇或实木复合门扇，表面常涂刷各种颜色的彩色混油漆或白色混油漆，少数情况下，当需要显露木纹时，也会直接涂刷清漆。

造型
除了可以采用直线和较为大气的几何造型进行装点，也可以通过框架的造型变化或压条的线型进行处理。

配色：以白色为主色+蓝色、灰色点缀
材料：复合实木门板、白色饰面板
造型：直线条

配色：以白色为主色
材料：木饰面刷白色木器漆
造型：简洁、利落的直线条

TIPS ▶ **现代装饰风格中的室内门可将玻璃和木材结合使用**

在一些需要透光的空间中，也可将木材与玻璃相结合或用黑色金属搭配玻璃设计成推拉门，在满足透光需要的同时，也可以增添一些现代感，玻璃既可使用透明的，也可使用压花、磨砂等透光、不透影的类型。

配色：以灰黑色为主色
材料：黑胡桃木、铝合金门框
造型：不加任何纹样的实木门

2. 禅意装饰风格

配色
　　以深浅不一的木色为主色，也常见黑色。

材料
　　除了采用经典的木质建材，还会运用更加现代、环保的板式材料。像玻璃隔断门、天然石材推拉门等，也会出现在室内空间中。

造型
　　不必拘泥于传统中式门的具体形态，能够体现其文化神韵即可。例如，可以抛弃传统室内门上的烦琐装饰，只汲取外部轮廓进行定制设计，或者在门窗中加入一些简化的中式纹样图案。

配色：以木色为主色
材料：樱桃木
造型：简洁、利落的直线条

配色：以木色为主色 + 黑色点缀
材料：黑胡桃木
造型：简化造型的中式线条

配色：以灰色为主色
材料：金属门框、木饰面
造型：简洁、利落的直线条

配色：以黑色为主色
材料：实木门框、夹层玻璃
造型：简洁、利落的直线条

3. 西方装饰风格

配色

可根据室内色彩进行选择，五金配件的色彩多为金色。

材料

常用实木门扇或模压门扇，其中实木门一般可分为原木镶板门和实木嵌板门两种类型。原木镶板门由天然木材制成门扇框，装嵌上原木板制成；实木嵌板门多用木工板、高密度板等人造木材，与原木饰面拼合而成。

造型

可以将传统欧式的圆拱造型融入，利用圆润的造型为空间带来别具美感的视觉效果。室内门除了可以采用直线和几何形式进行装点，也可以通过框架的造型变化或压条的线型来处理，制作出丰富的造型。

配色：以木色为主色
材料：石膏线、实木饰面
造型：聚拢式线形图案 + 直线条造型

配色：以白色为主色
材料：石膏线、石膏板
造型：凹凸质感的石膏线条，在空间里组成一个个简单利落的线框结构

配色：以灰黑色为主色
材料：木饰面刷深灰色混油漆
造型：直线条的突起设计

配色：以白色为主色
材料：石膏线、石膏板
造型：几何装饰线